Integrierte Projektabwicklung (IPA) mit BIM und Lean

Jetzt diesen Titel zusätzlich als E-Book downloaden und 70 % sparen!

Als Käufer dieses Buchtitels haben Sie Anspruch auf ein besonderes Kombi-Angebot: Sie können den Titel zusätzlich zum Ihnen vorliegenden gedruckten Exemplar für nur 30 % des Normalpreises als E-Book beziehen.

Der BESONDERE VORTEIL: Im E-Book recherchieren Sie in Sekundenschnelle die gewünschten Themen und Textpassagen. Denn die E-Book-Variante ist mit einer komfortablen Volltextsuche ausgestattet!

Deshalb: Zögern Sie nicht. Laden Sie sich am besten gleich Ihre persönliche E-Book-Ausgabe dieses Titels herunter.

In 3 einfachen Schritten zum E-Book:

❶ Rufen Sie die Website **www.beuth.de/e-book** auf.

❷ Geben Sie hier Ihren persönlichen, nur einmal verwendbaren E-Book-Code ein:

30649KA2K480AB1

❸ Klicken Sie das „Download-Feld“ an und gehen dann weiter zum Warenkorb. Führen Sie den normalen Bestellprozess aus.

Hinweis: Der E-Book-Code wurde individuell für Sie als Erwerber dieses Buches erzeugt und darf nicht an Dritte weitergegeben werden. Mit Zurückziehung dieses Buches wird auch der damit verbundene E-Book-Code für den Download ungültig.

Integrierte Projektabwicklung (IPA) mit BIM und Lean

Till Kemper (Hrsg.)

Integrierte Projektabwicklung (IPA) mit BIM und Lean

Termin- und Kostensicherheit durch optimierte Bauverträge

1. Auflage 2023

Herausgeber:
DIN Deutsches Institut für Normung e. V.

Beuth Verlag GmbH · Berlin · Wien · Zürich

Herausgeber: DIN Deutsches Institut für Normung e. V.

© 2023 Beuth Verlag GmbH
Berlin · Wien · Zürich
Am DIN-Platz
Burggrafenstraße 6
10787 Berlin

Telefon: +49 30 58885700-00
Internet: www.beuth.de
E-Mail: kundenservice@beuth.de

Maßgebend für das Anwenden jeder in diesem Werk erläuterten oder zitierten Norm ist deren Fassung mit dem neuesten Ausgabedatum. Den aktuellen Stand zu jeder DIN-Norm können Sie im Webshop des Beuth Verlags unter www.beuth.de abfragen. Dort finden Sie insbesondere etwaige Berichtigungen und Warnvermerke, welche bei der Anwendung der jeweiligen Norm unbedingt zu beachten sind.

Titelbild: © vladdeep, Nutzung unter Lizenz von stock.adobe.com
Satz: Beuth Verlag GmbH, Berlin
Druck: Drukarnia Skleniarz, Kraków

Gedruckt auf säurefreiem, alterungsbeständigem Papier nach DIN EN ISO 9706

ISBN 978-3-410-30649-8
ISBN (E-Book) 978-3-410-30650-4

Einleitung

Insbesondere in den letzten zwei Jahren hat sich in der Bauwirtschaft der Ruf nach einem Kulturwandel manifestiert. Die Aufgaben der Gegenwart und Zukunft in Bezug auf Nachhaltigkeit, Preis- und Terminstabilität und auch der Fachkräftemangel mit dem Erfordernis eines attraktiven Tätigkeitsfeldes in der Bauwirtschaft haben den Ruf nach einem Paradigmenwechsel immer lauter werden lassen. Als Schlagwort hat sich hier die integrierte Projektabwicklung IPA etabliert und mit ihr zugleich die Idee einer sogenannten Mehrparteienvertragslösung. Da die von Haus aus eher konservative Bauwirtschaft in einem umfangreichen Maß mit erforderlichen Paradigmenwechseln konfrontiert ist, verfolgen die Autoren in diesem Buch den Ansatz, eine möglichst „schonende" Umsetzungsvariante zu finden. Die Ideen einer integrierten Projektabwicklung und die mit ihr verbundenen Vorteile sollen möglichst „mühelos und spielerisch" transportiert werden. Dies bedeutet u. a., dass auf das bewährte Einzelvertragswesen zurückgegriffen wird. Das Autorenkollegium setzt sich aus Autoren des Ingenieurwesens, der Wissenschaft und Rechtsberatungspraxis zusammen, sodass sich Praxiswissen und die Ideen der integrierten Projektabwicklung in der Bauwirtschaft ergänzen. Aufgrund des recht jungen Feldes und des Umfangs dieses Buches können nur kursorische Überblicke und Ideen gegeben werden. Vieles wird noch weiter in Rechtsprechung, Wissenschaft und Praxis zu diskutieren sein. Über Anregungen freuen sich die Autoren und hoffen, das Werk stetig fortzuschreiben. Wir wünschen viel Vergnügen bei der Lektüre.

Autorenverzeichnis

Autor	Firma	E-Mail	Telefon
Prof. Dr. Jürgen Melzner	Bauhaus-Universität	juergen.melzner@uni-weimar.de	+49 (0)3643/ 58485
Prof. Martin Ferger	FH Aachen	ferger@fh-aachen.de	+49 241 600951141
Claudia Bingel	Marsh GmbH	claudia.bingel@marsh.com	+49 711 2380-614
Bülent Yildiz	Refine AG, Stuttgart	buelent.yildiz@refine.team	+49 175 5826884
Ralf Molter	Drees & Sommer SE, Frankfurt am Main	ralf.molter@dreso.com	+49 69 758077-8814
Nils Ehrenfeld	Drees & Sommer SE, Frankfurt am Main	nils.ehrenfeld@dreso.com	+49 69 758077-8814
André Friedel	Drees & Sommer SE, Frankfurt am Main	andre.friedel@dreso.com	+49 69 758077-8994
Ernst Wilhelm	HFK Rechtsanwälte PartGmbB, Berlin	wilhelm@hfk.de	+49 30 318675-11
Dr. Till Kemper	HFK Rechtsanwälte PartGmbB, Frankfurt am Main/Stuttgart	kemper@hfk.de	+49 69 975822-122

Inhaltsverzeichnis

1 IPA-integrierte Projektabwicklung – was ist das?

1.1 Begriffsklärung und Überblick Methode

Die integrierte Projektabwicklung oder englisch IPD (Integrated Project Delivery) ist eine Methodik bzw. ein Projektansatz aus dem angloamerikanischen Raum, der ein höheres Maß an Wertschöpfung im Rahmen des Bauzyklus für alle am Bau Beteiligten verspricht. Dieses Versprechen wird durch einen für deutsche Verhältnisse eher untypischen Ablauf der Planung sowie eine frühzeitige konsensbasierte Zusammenarbeit (Kollaboration) mit allen am Bau Beteiligten, Planenden, Ausführenden und Zuliefernden umgesetzt. In Deutschland sind Teile dieser Methodik bereits über die Verträge im Anlagenbau bekannt.

Als wesentliche Bausteine für die integrierte Projektabwicklung sind zu benennen:

- Konsensorientierte Haltung aller am Bau Beteiligten
- Implementierung von Konfliktlösungsmodellen während der Planungs- und Bauphase
- Umfängliche Transparenz bzgl. der Planung und der Kosten auch durch BIM (Building Information Modelling)
- Lean Management
- Ein auf diese Bausteine ausgerichtetes Vertragswerk

Häufig wird eine integrierte Projektabwicklung in einem Atemzug mit dem Konstrukt eines Mehrparteienvertrags oder Allianzmodells genannt. Zu diesen Vertragskonstrukten erfolgt noch eine gesonderte Erörterung. Nach Auffassung der Autoren ist jedoch ein Mehrparteienvertrag keineswegs ein essenzieller Baustein für eine integrierte Projektabwicklung. Die zuvor genannten wesentlichen Punkte können auch im Einzelvertragswesen und über eine Klammer von bspw. besonderen Vertragsbedingungen gezogen werden. Wichtiger als das vertragliche Konstrukt bei der integrierten Projektentwicklung sind der Aufbau und die Organisation der Projektabläufe bei der integrierten Projektentwicklung sowie eine offene Fehlerkultur.

1.2 Bedarf nach IPA aus Auftraggebersicht

Die Diskussion um die integrierte Projektabwicklung ist stark vom Bedürfnis des Auftraggebers nach höherer Termin- und Kostensicherheit und weniger Verzögerungen durch Konflikte und unzureichende Planung bestimmt. Insbesondere die Erfahrung aus prominent diskutierten öffentlichen Großprojekten, wie etwa dem Berliner Flughafen, der Elbphilharmonie oder Stuttgart 21, ebenso wie die statistische Erkenntnis, dass es bei den derzeitigen Planungsläufen in der Regel zu Baukostensteigerungen von 30 bis 40 % kommt und nur selten der vertraglich vereinbarte Fertigstellungstermin eingehalten wird, führen dazu, dass sich insbesondere der öffentliche Auftraggeber, der auch eine Verantwortung in Bezug auf die Verwendung von Fördermitteln und Steuergeldern trägt, alternative Abwicklungs- und Vertragslösungen überlegen muss. Aufgrund des Hypes um die integrierte Projektabwicklung und den Mehrparteienvertrag und die anhaltenden Probleme in der Bauabwicklungen hat das Bundesinstitut für Bau-, Stadt- und Raumforschung (BBSR) eine Ausschreibung veröffentlicht, um einen Muster-Mehrparteienvertrag zwecks IPA für öffentliche Auftraggeber zu entwickeln. Die Musterverträge (IPA) können mittlerweile abgerufen werden.[1]

Ungeachtet der offensichtlichen Bedürfnisse nach Termin- und Kostensicherheit ist zugleich zu vermerken, dass die Planung von Bauvorhaben, gleichermaßen bei einzelnen Hochbauten wie ganzen Quartieren, ungleich komplexer geworden ist. Die Normgebung in Bezug auf die Erreichung der Klimaziele, nachhaltiges Planen, Bauen und Betreiben, kommunale Vorgaben zu energieeinsparenden Systemen und die höheren Anforderungen durch Smart-Living-Konzepte führen zu einer wesentlich höheren Komplexität und zur Notwendigkeit einer Neuverzahnung und Anpassung der Planungsläufe. Die bislang vielfach abgespulte lineare Abarbeitung der HOAI-Leistungsphasen insbesondere im Hochbau (Grundlagenermittlung, Vorentwurf, Entwurf, Genehmigungsplanung, Ausführungsplanung, Vorbereitung und Mitwirkung der Vergabe aufgrund neutraler Ausführungsplanungen, Objektüberwachung und schließlich Dokumentation) können dem nicht gerecht werden. Besonders deutlich wird dies anhand der Diskussionen zum IPA-Baustein der BIM-Methodik, bei der in der Regel eine wesentlich kopflastigere Planung, also eine höhere Planungstiefe und ein höherer Planungsumfang bereits am Anfang eines Bauprojektes, erforderlich wird, um das Projekt möglichst effizient durchführen zu können. Auch die Anforderung an ein Building Energy Modeling (BEM) und eine stärker auf Betriebs- und Nutzungskonzepte ausgelegte Prüfung, bspw. zur Nachhaltigkeit eines Gebäudes, führen dazu, dass frühzeitig eine integrierte Planung oder auch Tandemplanung stattfinden muss. Mit der integrierten Planung und

---

1 BBSR, BBR (Hrsg.): ENDBERICHT, Mustervertragsbedingungen für Mehrparteienverträge im öffentlichen Bauwesen bei Integrierter Projektabwicklung (abgerufen am 11.01.2023) https://www.bbsr.bund.de/BBSR/DE/forschung/programme/zb/Auftragsforschung/ 3Rahmenbedingungen/2021/mustervertragsbedingungen/endbericht.pdf;jsessionid=97A12C-80D8115E73EF35427F3001266E.live11292?__blob=publicationFile&v=2

der Tandemplanung sind die ausführenden und die Bauproduktlösungen zuliefernden Firmen bereits frühzeitig in die Planung einzubeziehen. Weiterhin sind die Nutzungsmodelle von vornherein vorwegzunehmen und die Planung auf die jeweiligen Nutzungskonzepte abzustellen.

Die Tandemplanung zielt insbesondere auch auf die Vermeidung der in herkömmlich abgewickelten Projekten vorherrschenden Fehler ab: Einer der häufigsten Nachtragsgründe verbunden mit Kostensteigerungen und Terminverschiebungen ist eine verfrühte, lückenhafte oder unvollständige Planung, die die ausführenden Firmen über die „wahren" Grundlagen von Angeboten in Unklaren lässt und damit zwangsläufig zu Nachtrags- und Störungssachverhalten führt.

1.3 Bedarf aus Auftragnehmersicht

Auch wenn vor allem die Kostensicherheit und Terminsicherheit insbesondere aus Auftraggebersicht als Treiberfaktor für eine integrierte Projektabwicklung offensichtlich zu sein scheint, so sind dies zugleich auch Trigger für die Bedarfe aus Auftragnehmersicht. Insbesondere in jüngster Zeit hat sich gezeigt, dass Streitigkeiten durch unklare oder unzureichende Planungen, Preissteigerungen und Fachkräftemangel wesentliche Verlustfaktoren für die planenden, ausführenden und zuliefernden Firmen sind. Hinzu kommt die seit Langem vorherrschende Erkenntnis, dass der Wertschätzungsgrad am Bau im Vergleich zu anderen Industriezweigen äußerst gering ist. Dies mag zum einen darin begründet liegen, dass Planende sich vorwiegend auf das Pauschalvergütungssystem der HOAI nach Prozentsätzen bezogen haben, ohne gewinnorientierte Kostenkalkulationen durchzuführen, und zum anderen, dass bei den ausführenden Gewerken ein jahrelanges, auf Grundlage der Vergabeverfahren einstudiertes Nachtragssystem aufgebaut wurde, das ad finitium jedoch nicht zu großen Gewinnen führt. Die vorherrschende Mär, dass sich die Baufirmen aufgrund von Nachtrags- oder Claim-Management bereichern, wird insbesondere bei Großprojekten widerlegt. Die Margen aus Nachträgen sind hier schnell aufgefressen.

Insbesondere die Terminsicherheit ist für alle am Bau Beteiligten von großer Bedeutung. Denn häufig werden die personellen und Materialressourcen bereits in verschiedenen Bauprojekten eingeplant. Kommt es daher zu einem erheblichen Verzug eines Vorläuferprojektes, so sind Verzugsschadensersatzansprüche und Lieferengpässe für das nachfolgende Projekt bereits angezeigt. Auch der zusätzlich erhöhte Koordinierungsaufwand innerhalb der Firmenkonstrukte der ausführenden und auch planenden Firmen führt zu erheblichen Wertschöpfungsverlusten am Bau.

1.4 Bedarf aus juristischer Sicht – typische Stolpersteine von Bauprojekten

Auch aus juristischer Sicht drängt sich die Erkenntnis auf, dass Planungs- und Bauprozesse grundsätzlich umgestaltet werden müssen, um für die am Bau Beteiligten die Wertschöpfung zu erhöhen und insbesondere auch die höherrangigen Ziele von Klimaschutz, gesunden Wohn- und Arbeitsverhältnissen etc. zu erreichen.

1.4.1 Typische Nachtragsprobleme

Üblicherweise werden, insbesondere in öffentlichen (Hoch-)Bauprojekten, die Leistungsphasen der HOAI nahezu linear abgewickelt. Das heißt, dass zunächst auf einer Grundlagenentwicklung ein Vorentwurf und ein Entwurf getätigt werden. Bereits an der Grundlagenermittlung und der – seit dem 2018 in Kraft getretenen neuen Bau- und Planervertragsrechtgesetzlich vorgesehenen – Zieldefinition sowie einer fundierten Bedarfsplanung wird häufig gespart, sodass die Grundzüge der Planung und die Bedarfe auftraggeberseitig sowie von künftigen Nutzern nicht hinreichend ausgearbeitet werden. Die Lückenhaftigkeit der Grundlagenermittlung führt bereits zu den den Bauprozess hemmenden Störungen, wenn z. B. unbekannte Bauumstände vor Ort Umplanungen erfordern oder der Abgleich der Werk- und Montageplanung mit der Ausführungsplanung Widersprüchlichkeiten aufdeckt, welche dann wiederum Nachtragsdiskussionen, Mehrkosten und Zeitverschiebungen nach sich ziehen.

Im weiteren Schritt werden Entwürfe erstellt, auf deren Grundlage dann die Ausführungsplanung erarbeitet wird. Die Ausführungsplanung ist meist an Leitfabrikaten ausgerichtet, welche produktspezifische Implementierungen mit sich bringen. Insbesondere wenn kommunalpolitische bzw. haushaltsrechtliche Gründe dafürsprechen, frühzeitig mit einer Ausschreibung zu beginnen, obwohl die Ausführungsplanung noch nicht die entsprechende Tiefe erreicht hat, oder aber auch schlicht wegen des Umstandes, dass eine auf ein Leitfabrikat ausgerichtete Ausführungsplanung wieder neutralisiert wird, kommt es während des Bauablaufs zu Widersprüchlichkeiten der Planungen. Hinzu kommt, dass die Aufstellung von Leistungsverzeichnissen immer komplexer wird und evtl. z. B. die Abrechnungsregeln nicht vollständig beachtet werden. Bei der Aufstellung der Leistungsverzeichnisse wiederum findet nur selten eine Optimierung aus Nachhaltigkeitsgesichtspunkten statt. Zudem werden bestimmte Systemvorteile von bspw. bestimmten Herstellerfabrikaten nicht aufgedeckt. Weil die anbietenden Firmen die Vergabeunterlagen und insbesondere die Leistungsverzeichnisse nicht ändern dürfen und nur in einem umstrittenen Rahmen verpflichtet sind, auf Widersprüchlichkeiten und Lücken hinzuweisen, und der öffentliche Auftraggeber meist eine Zurückversetzung der Ausschreibung in einen früheren Stand wegen Planungsänderungen scheut, werden zum Teil Leistungen beauftragt, die in keinem Fall dem Leistungserfolg dienen oder die einfach unzureichend sind. Gewissermaßen steht diese Praktik sogar im Widerspruch zum Leistungsbestimmungsrecht des Auftraggebers, zumindest wie es in der Realität angewandt wird. Welche Produkte dann tatsächlich angeboten und in das Leistungsverzeichnis später zu übernehmen sind, ist Sache des jeweils bietenden ausführenden Unternehmens. Dies liegt darin begründet, dass das Gebot der produktneutralen Ausschreibung von den Planern absolut ausgelegt wird und so nicht sämtliche Vorteile ausgenutzt werden, die die Rechtsordnung erlauben würde.

Ist der Zuschlag auf das preisgünstigste und nicht tatsächlich beste Angebot erfolgt, so ist es Aufgabe des Ausführungsplaners, die Ausführungsplanung auf Grundlage der Vergabeergebnisse fortzuschreiben (Teilleistung C – Leistungsphase 5 zu § 34 HOAI, Anlage 10 bzw. Anlage 12 zu § 54 HOAI). In diesem Prozess werden dann bereits die ersten Planungslücken offensichtlich und die ersten Nachträge werden mit Mehrkostenanzeigen und Behinderungsanzeigen angemeldet, bis die Planung bereinigt ist.

Während der Ausführung findet der Abgleich der Werk- und Montageplanung mit der Ausführungsplanung statt. Hierbei werden dann Widersprüchlichkeiten von produktspezifischen Anforderungen bestimmter, angebotener Bauprodukte oder ganzer Systeme und der Ausführungsplanung offensichtlich. Die Folgen sind Mehrkosten- und Behinderungsanzeigen und damit Kostensteigerungen und Terminverschiebungen. Insbesondere bei Gewerken, die auch mit Änderungen im Tragwerk bspw. durch vermehrte Durchbrüche und Schlitze oder auch in dem Bereich der Brandschutzplanung (bspw. durch Verschieben von Brandschutzwänden oder Änderungen an der Aufzugsanlage) einhergehen, ist sogar ein Verfahren zur Änderung der Baugenehmigung (Tekturgenehmigung) erforderlich. Solange außerhalb der Baugenehmigung gebaut wird, ist eine Behinderungsanzeige vorprogrammiert. Jegliches Bauen neben einer Baugenehmigung und die Herstellung eines Schwarzbaus sind Mängel im Sinne des Bauvertragsrechts, es sei denn der Auftraggeber weist explizit zum Bauen außerhalb der Baugenehmigung an.[2]

Neben den seitens der ausführenden Firmen in der Regel anfallenden Mehrkosten und Terminverschiebungen führt ein solches Vorgehen dazu, dass auf Planerseite u. U. mit Nachträgen zu rechnen ist bzw. mit Streit, ob ein Fall der

2 OLG Dresden, Urteil vom 07.12.2021 - 6 U 1716/21.

Gewährleistung oder eine Mehrleistung gegeben ist; insbesondere seit der Bauvertragsrechtsnovelle 2018 führen Änderungen an den Leistungszielen oder den Leistungsinhalten auch für Planer zu Nachtragsansprüchen nach § 650 p i. V. m. § 650 b BGB. Dies ist deswegen besonders prekär, weil für jeglichen Nachtrag zunächst eine Stillhaltefrist von 30 Tagen zu berücksichtigen ist (vgl. § 650 c Abs. 2 BGB). Selbst wenn nicht die nach neuem Planervertragsrecht gültigen Nachtragsnormen angewandt werden, steht weiterhin eine Wiederholung von Grundleistungen im Raum. In jedem Fall ist dies aber für den Planer eine ungünstige Lage, da bereits hier die Gewinnmarge aus den Pauschalen, die seitens der HOAI zu den Grundleistungen zu zählen sind, erheblich reduziert wird.

1.4.2 Vergütung der Planer

Aus juristischer Sicht drängt sich beim Thema Vergütung auch aus Planersicht der Bauablauf bzw. Planungsablauf auf. Insbesondere seit der HOAI-Novelle 2021, nach der der Preiszwang fiel, ist der Boden auch mit dem neuen Planervertragsrecht (2018) dafür bereitet, das gesamte Vergütungssystem der Planer neu zu denken und zu optimieren.

Seit Jahrzehnten ist es herrschende Praxis, dass insbesondere die Grundleistungen nach dem jeweiligen Leistungsbild der HOAI ausgeschrieben und beauftragt werden und sich die Planer damit begnügen können, aufgrund der anrechenbaren Kosten Pauschalhonorare nach den Prozentsätzen für die jeweiligen Leistungsphasen abzurechnen. Ein gewisser Preiswettbewerb war durch das Angebot prozentualer Nachlässe oder über die Nebenkosten sichergestellt . Dies ist zwar bequem, führt jedoch an der wirtschaftlichen Realität häufig vorbei. Die Prozentsätze der Honorare nach der HOAI sind nämlich wenig flexibel und berücksichtigen zahlreiche Aspekte am Bau nicht. Die HOAI legt lediglich fest, wann ein bestimmter Prozentsatz von 100 % Honorarsatz zu zahlen ist, unabhängig davon, wie viel Aufwand und insbesondere welcher Zeitraum für die Leistung tatsächlich erforderlich sind. Je früher das Stadium des Planungsprozesses, umso höher fällt die Gewinnmarge aus. Insbesondere im Rahmen der Leistungsphase 8 werden die Probleme offensichtlich: Angenommen, es wird ein fixer Prozentsatz für eine Baustellenüberwachung vorgegeben, unabhängig von einer guten oder schlechten Leistungserbringung des Bauunternehmens und der Objektüberwacher auf der Baustelle, führt dies sowohl auf Auftraggeberseite als auch auf Auftragnehmerseite zu Unmut. Häufig drohen hier, die Gewinnmargen für Planer für das gesamte Projekt aufgefressen zu werden, insbesondere dann, wenn säumige Ausführende den weiteren Bauablauf behindern. Der Sanktionsmechanismus ist hier nur gering. Bei Verzugsschaden durch säumige Unternehmen dürfen bspw. keine Mehrkosten für Planer berechnet werden, da die Rechtsprechung mit Blick auf die vertraglichen vereinbarten Honorare vorgibt, dass die gesamte Bauobjektüberwachungsleistung mit der Pauschale abgegolten ist, unabhängig von der Häufigkeit und der Zeit, die die Objektüberwacher auf der Baustelle verbringen; somit kann also kein Schadensersatz im Rahmen eines Verzugschadensersatzanspruchs geltend gemacht werden. Dies wäre nur dann der Fall, wenn Baustellentermine und Koordinierungsaufwand nach Stunden- oder Tagessätzen abgerechnet würden und dann sauber dokumentiert werden kann, welcher Mehraufwand aufgrund der Säumigkeit eines ausführenden Unternehmens tatsächlich eingetreten ist.

Seit der HOAI 2013 wurde das System der Grundleistungen stärker differenziert und auf Teilleistungen heruntergebrochen. Dennoch findet eine solche Beauftragung nur von Teilleistungen relativ wenig Berücksichtigung, obwohl eine leichte Handhabung bspw. durch Zuordnung einzelner Prozentsätze zu den Teilleistungen bei Anwendung der Siemon-Tabelle u. Ä. möglich wäre. Insbesondere öffentliche Auftraggeber scheinen sich relativ wenig Gedanken zu machen, ob sie wirklich sämtliche Teilleistungen einer Grundleistung benötigen oder nicht.

Allerdings zeigt die Praxis aber auch, dass bspw. Planer äußerst zurückhaltend sind, selbst altbekannte Teilleistungen und Nachtragsgründe der Wiederholung von Grundleistungen mithilfe der Plausibilisierung der Siemon-Tabelle gegenüber dem Auftraggeber geltend zu machen.

Aufgrund der derzeitig veränderten und der sich künftig verändernden Anforderungen an den Planungsprozess erlangen zudem Besondere Leistungen, für die Honorare frei zu verhandeln und zu vereinbaren sind (vgl. § 7 Abs. 1 HOAI), immer mehr Bedeutung, ohne dass sie unbedingt explizit vom öffentlichen Auftraggeber ausgeschrieben würden. Werden jedoch anfänglich nur Grundleistungen ausgeschrieben und beauftragt, kommt das neue Nachtragsrecht zum Zug, dass auch für Planer eine Stillhaltefrist von 30 Tagen zur Verhandlung des Honorars für zusätzlich abgeforderte Leistungen festschreibt. Mit der Bauvertragsrechtsreform 2018 wurde explizit in § 650 p Abs. 2 BGB festgeschrieben, dass ein Planer eine Bedarfsplanung/-ermittlung mit dem Auftraggeber zu erstellen hat, um die Überwachungs- und Planungsziele festzulegen. Eine solche Bedarfsplanung findet sich als Besondere Leistung in der Leistungsphase 1 zu § 34 HOAI. Allein diese wird häufig nicht beauftragt. Durch die Erfordernisse, künftig die Nachhaltigkeitsfaktoren bei Gebäuden in größerem Umfang zu berücksichtigen, bspw. um Klimaziele oder Förderungsmittel zu erreichen, ist es notwendig, Varianten über die Nachhaltigkeit und

Wirtschaftlichkeit einer Gebäudenutzung hinaus zu betrachten. Aktuell sind vermehrt Planerleistungen zur Verhandlung von bauwirtschaftlichen Nachträgen wegen Preissteigerungen oder vertiefter Mittelabflussplanungen erforderlich. All diese Leistungen liegen im Bereich der Besonderen Leistungen nach § 2 Abs. 1 HOAI. Schließlich gehen aus zahlreichen Anwendungsfällen, die im Rahmen von BIM-Planungen abgerufen werden, ebenfalls Besondere Leistungen hervor (z. B. beim Erstellen von Bestandsmodellen, vertieften Termin- und Kostenplanungen, Bauablaufdokumentationen). Es ist besonders auffällig, dass die erweiterten Use-Cases in den AIA (Auftraggeber-Informations-Anforderungen) benannt werden, ohne dass die korrespondierenden Besonderen Leistungen in den Leistungsbeschreibungen und Honorarblättern Beachtung fänden. Dies hat eine fatale Wirkung für beide Seiten. Bezüglich der Besonderen Leistungen, für die die Vergütung frei zu vereinbaren ist, kommt im Fall, dass während der Grundleistungsphase bspw. zwei weitere Anwendungen aus dem BIM-Prozess abgefordert werden, §§ 650b ff. BGB zum Tragen. Schließlich verlangt der Auftraggeber hier eine zusätzliche Leistung vom Planer, die so in der Leistungsbeschreibung bzw. im Kalkulationsblatt nach HOAI nicht vorgesehen war. Folglich müssen, sofern nicht eine Urkalkulation bereits vorher abgefragt worden ist, die bspw. Stunden- und Tagessätze enthält, die tatsächlichen Kosten nach Abgleich des Soll- und Istverlaufs aufgeschlüsselt werden zzgl. üblicher Aufschläge für Allgemeine Geschäftskosten (AGK) und Wagnis und Gewinn (WuG). Dies ist insbesondere für Planer ungewohntes Terrain. Gleichwohl hat der Gesetzgeber dies bei der Synchronisierung von Planervertrags- und Bauvertragsrecht 2018 kodifiziert. Aus § 650 c BGB folgt, dass nicht ohne Weiteres die Preise bspw. aus dem Angebotsblatt fortgeschrieben werden können oder dürfen. Insbesondere bei geförderten Projekten würde dies im Rahmen der Verwendungsprüfung zu Problemen führen. Vielmehr ist eine detaillierte Kostenaufschlüsselung entsprechend den Vorgaben des § 650 c BGB zu tätigen, über die sich dann binnen der Stillhaltefrist von 30 Tagen zu verständigen ist. Gelingt dem Planer auf der anderen Seite ein solcher Nachweis nicht, so ist er auf eine Vereinbarung mit dem Auftraggeber angewiesen. Schließlich trifft die vollständige Darlegungs- und Beweislast für einen Vergütungsanspruch den Planer. Planer, genauso wie Auftraggeber, sind also gut beraten, bereits im Vergabeprozess eine Art Urkalkulation zu verlangen bzw. abzugeben, um diese Probleme zu umgehen.

Würde dieses Verfahren transparent und konsequent umgesetzt, würde sich die derzeit insbesondere von Planern gerügte fehlende Wirtschaftlichkeit von Aufträgen, welche sich mittelbar oder unmittelbar in der Qualität der Planungsleistung niederschlägt, erübrigen.

1.4.3 Die Suche nach nachhaltigen und wirtschaftlichen Lösungen

Die derzeitigen Ansätze zur Bewertung von Nachhaltigkeit in Bezug auf Planungen, Bau und Betrieb von Gebäuden führen zu der Erkenntnis, dass viele Werthaltigkeitsfaktoren besonders produktspezifisch sind. Seit 2016 ist insbesondere im Vergaberecht (inkl. AVV Klima) auch verankert, die Lebenszyklusbetrachtungen in die Vergabe von Planungs- und Bauverträgen stärker einzubeziehen. Dennoch werden in den meisten Fällen der Ausschreibungspraxis detaillierte Leistungsverzeichnisse aufgrund vermeintlich neutraler Ausführungsplanungen ausgeschrieben, auf deren Grundlage dann die ausführenden Unternehmen Produkte anbieten. Aufgrund der Klimaziele und der Nachhaltigkeitserfordernisse wäre es aus Auftraggebersicht viel sinnvoller, die Vergabe so umzustellen, dass diese tatsächlich einen Wettbewerb der Leistungsfähigkeit in Bezug auf die Nachhaltigkeitszeile von Baulösungen enthält. Um es anhand eines praktischen Beispiels zu erläutern:

Ein Heizungslüftungs-/Sanitärsystem kann zunächst produktneutral geplant, auf die Nutzungseinheiten eines Gebäudes ausgelegt und dann ausgeschrieben werden. Wandelt man dies dann in ein produktneutrales Leistungsverzeichnis mit Einzelpositionen um, führt dies dazu, dass das jeweils ausführende Unternehmen nach Einkaufspreisen einzelne Muffen, Verbindungsstücke, Rohre etc. anbietet. Im weiteren Bauprozess werden dann die Einzelteile zusammengesetzt und man kann sich im Nachhinein darüber Gedanken machen, welche Performance ein solches HLS tatsächlich bringt. Das Ergebnis hierbei ist, dass man nicht unbedingt das beste, aber in jedem Fall das günstigste HLS-System erhält.

Alternativ: Für das Projekt XY wird die Beschaffung eines HLS-Systems für x Nutzungseinheiten ausgeschrieben. Das beste Preis-Leistungs-Verhältnis würde bezuschlagt. Das Preis-Leistungs-Verhältnis wird nicht allein auf die Einbau- bzw. Beschaffungskosten ermittelt, sondern auf einen Nutzungszeitraum von 15 oder 30 Jahren. Weiteres Zuschlagskriterium sind z. B. die Wartungserfordernisse, Ersparnisse durch Vorfertigung, Recyclingfähigkeit oder Kennwerte aus der EPD (Envorionmental Product Declaration) etc. Beispielsweise wäre ein System, welches bereits vorisolierte, vorgefertigte Rohrsysteme beinhaltet, die über Schweißmuffen zügig verbunden werden können und deren Rohre innerhalb der vorgefertigten Isolierung bei eventuellen Undichtigkeitsstellen einfach ausgetauscht werden können, bezogen auf den Lebenszyklus ein sehr günstiges Produkt. Jedoch ist es auf Basis der Einzelpreise von Muffe und Rohren ein teureres Produkt. Im Rahmen einer produktneutralen Ausschreibung im vorgegebenen Leistungsverzeichnis würde solch ein Produkt komplett herausfallen. Von der Gesamtperformance des HLS-Systems wäre dies jedoch im Wesentlichen vorzugswürdig, weil die Instandhaltungs-, Modernisierungs- und insbesondere auch die Gesamteinbaukosten aufgrund der Vorfertigung wesentlich günstiger sind. Solche Beispiele können u. a. auch auf Fassadensysteme, Dächer, Tür- und Schließsysteme ausgeweitet werden.

Damit eine solche Ausschreibung jedoch möglich wird, sind die Planungsprozesse, genauso wie die Beschaffungsstrategie umzustellen. Dies bedeutet zugleich eine gewisse Wandlung im Tätigkeitsbereich von Planern und Zulieferern. Ausliefernde Firmen werden solche Planungen voraussichtlich nicht erbringen. Vielmehr müssen sich ausführende Firmen mit den jeweiligen Herstellern zusammentun, um bspw. solche Systemlösungen anbieten zu können. Nur weil hier jedoch der Planungs- und Vergabeprozess umgestellt wird, bedeutet dies nicht, dass die am Bau Beteiligten auf ihre üblichen Margen verzichten müssten, vielmehr steht zu erwarten, dass aufgrund solch effektiverer Umsetzungen und vorheriger Planung der Arbeitsabläufe ein höheres Maß an Effizienz erreicht werden kann und damit auch die Gewinnmargen größer werden können.

Im Übrigen macht ein solches System auch aus rechtlicher Sicht sowohl für Planer als auch für Auftraggeber Sinn. Wird nämlich von einem Auftraggeber ein bestimmtes System als Gesamtlösung von einem Hersteller bestellt, so ist es lediglich Aufgabe des Fachplaners, die Schnittstelle zu anderen Gewerken zu prüfen, nicht jedoch das System an sich. Insofern reduziert sich die Haftung des Fachplaners, ohne dass dies vergütungsrechtliche Folgen hätte. Der Auftraggeber hingegen fällt jedoch auch nicht mit einer entsprechenden Gewährleistung aus, da der Systemanbieter in vollem Umfang für sein System einzustehen hat.

1.4.4 Stufenbeauftragung

Die Stufenbeauftragung, wie sie derzeit meist Anwendung findet, sieht vor, dass Planer zunächst in Stufe 1 mit den Leistungsphasen 1bis 4 (Grundlagenplanung, Vorentwurfs- und Entwurfsplanung sowie Genehmigungsplanung), dann in Stufe 2 mit den Leistungsphasen 5 bis 7 (Ausführungsplanung, Vorbereitung und Mitwirkung bei der Vergabe) und schließlich in Stufe 3 mit den Leistungsphasen 8 (und ggf. 9, also mit Objektüberwachung und Dokumentation) beauftragt werden. Der Auftraggeber ist dabei berechtigt, die jeweils weitere Stufe oder Teile von dieser beliebig – allenfalls zeitlich limitiert – abzurufen, während der jeweilige Planer verpflichtet ist, die Leistungen bei Abruf zu erbringen. Mit der Einführung von BIM wird dieses Stufenmodell vielfach neu diskutiert, da es nicht zur Kopflastigkeit der Planung passe; die Praxis zeigt, dass häufig frühzeitig Leistungen aus späteren Stufen abgerufen werden, obgleich die vorherige Stufe noch nicht vollständig abgeschlossen ist, weil z. B. aufgrund des hohen Detaillierungsgrades bereits Teile der Ausführungsplanung in der Stufe 1 abgewickelt werden oder auch Vergabevorbereitungen vorgezogen werden. Der Unmut entsteht hier jedoch nicht, weil die Leistung früher zu erbringen ist, sondern weil auftraggeberseitig trotz Vorziehen der Leistung die Vergütung starr nach dem Stufenmodell ausgezahlt wird und somit die Äquivalenz von Leistung und Vergütung gestört wird.

Aus zuwendungsrechtlichen Gründen ist die Stufenbeauftragung geboten, weil Ausführungsleistungen noch vor der Bewilligung von Fördermitteln beauftragt werden dürfen und daher zunächst nur Planungsleistungen bis Leistungsphase 6/7 abgerufen werden dürfen. Zugleich ist sie auch aus anderen Gründen sinnvoll. Anfänglich ist dem Auftraggeber vielleicht selbst noch unklar, ob das jeweilige Projekt (finanziell oder tatsächlich) realisierbar ist, sodass er nicht gleich den Vollplanerauftrag beauftragen möchte, weil er sich sonst dem Risiko einer Kündigungsvergütung wegen freier Kündigung aussetzen würde. Gerade in aktueller Lage kann auch unklar sein, ob eine Ausschreibung zum Erfolg führt, weil zu befürchten ist, dass keine Unternehmen anbieten oder es zu starken Preissteigerungen kommt. Schließlich ist auch nachvollziehbar, wenn der Auftraggeber quasi eine „Probezeit“ mit dem jeweiligen Planer vorsieht, da mit ihm das Projekt steht und fällt und eine lange Zusammenarbeit vonnöten ist. Es sprechen also viele Gründe für eine Stufenbeauftragung (in Bezug auf die IPA auch mit Bauausführenden). Jedoch sollte stets die Äquivalenz von Leistung und Vergütung Voraussetzung sein.

Auch hier eröffnet eine Liberalisierung bzw. Loslösung von den typischen Pauschalansätzen der Leistungsphasen die Möglichkeit, die Abschlagszahlungs- bzw. Ratenzahlungssysteme zu überdenken und sie an Äquivalenz von Leistung und Vergütung projektförderlicher auszurichten, sodass ein aus Auftraggeber- und Auftragnehmersicht fairer Prozess entsteht.

1.4.5 Streitschlichtung und Verfahrensdauer

Schließlich drängt sich die integrierte Projektabwicklung mit ihrer Transparenz und ihrem Konsens angesichts der überlangen gerichtlichen Verfahrensdauern und hoher Prozesskosten fast zwangsläufig auf. Die Statistiken zeigen, dass die Bauprozesse, insbesondere auch aufgrund der meist hohen Beteiligungsgrade von Sachverständigen und der Vielzahl der streitbefangenen Beteiligten, eine sehr lange Verfahrensdauer aufweisen, welche zuletzt auch durch die Überbeanspruchung der Gerichte nicht besser wird. Hinzu kommt die seit Langem schwelende Erkenntnis, dass Prozesse nicht wirklich zur Befriedigung der Parteien beitragen, da die Ergebnisse aus einem Bauprozess, insbesondere auch mit Blick auf die hohen Prozess- und Verfahrenskosten, meist für jede Seite nicht zufriedenstellend sind, weil in der Regel keine Partei 100 % der Positionen durchsetzen kann und zudem die Akzeptanz der fachlichen Richtigkeit der Entscheidung infrage steht. Insofern ist jedes System auch aus baujuristischer Sicht sinnvoll, welches bereits während des Bauablaufs mithilfe von Visualisierung und transparenten Preis- und Mengendarlegungen Streitigkeiten nach hinten heraus vermeidet. Zugleich liegt auf der Hand, dass jede während des Planens oder Bauens entstehende und auf einen Gerichtsprozess verlagerte Streitigkeit zu Misstrauen und weniger Produktivität auf der Baustelle führt, da die Parteien durch Taktieren ihre Rechtspositionen zu sichern suchen.

1.5 Herkunft des IPA-Modells

Das Integrated-Project-Delivery-Modell (IPD) ist seit ca. 2000 in den USA etabliert. Getrieben durch hohe Haftungsquoten und Prozesskosten suchte man auch dort nach Möglichkeiten, den Wert von Bau- und Planungsleistungen für den Auftraggeber zu steigern, Ineffizienz zu reduzieren und Streitigkeiten frühzeitig zu lösen. Auch das in Großbritannien und Australien seit ca. den 2010er-Jahren häufig angewendete Modell des Alliancing ist vergleichbar. Dabei stand jeweils ein Modell im Vordergrund, welches einen Vertrag zwischen Auftraggeber, Generalplaner und Generalunternehmer abbildete; viele Regelungsmechanismen wie z. B. das der baubegleitenden Streitlösung oder die etwas andere Art des Planens waren bereits aus den standardisierten Musterverträgen für internationale Bauvorhaben der bereits 1913 gegründeten Fédération Internationale des Ingénieurs Conseils bekannt. Die FIDIC-Vertragsmuster werden stetig weiterentwickelt. Aus diesen Modellen entwickelten das American Institute of Architects, AIA und die Vereinigung ConsensusDocs Vertragsmuster, die u. a. das Target Value Design, eine transparente Abrechnung sowie zum Teil auch die Bildung eine Gesellschaft eigener Art auf Zeit vorsahen, was im angloamerikanischen Raum etwas leichter als im deutschen umzusetzen ist, wo der Typenzwang für Vertragskonstrukte gilt. Der Typenzwang im deutschen Rechtssystem besagt, dass die Vertragsparteien nicht gänzlich frei sind, eine neue Gesellschafts- oder Vertragsform zu gründen, vielmehr wird im Zweifel ein Gericht den Inhalt bewerten und ihn einem der in Deutschland gesetzlich etablierten Gesellschafts- oder Vertragstypen (Gesellschaft bürgerlichen Rechts oder AG, GmbH etc. bzw. Werk-, Dienst oder Kaufvertrag) zuordnen.

In den 1990/2000er-Jahren wurden im englischsprachigen Raum zunehmend die Verschwendungsmomente in der Bauwirtschaft offenbar, die insbesondere durch lückenhafte oder widersprüchliche Planung, zunehmende Änderungsanforderungen in der Führung, mangelnde Transparenz in der Kostenabwicklung sowie schließlich durch die Claim- und Anticlaim-, verbunden mit der Blame-Strategie identifiziert wurden. Daraufhin haben sich in Großbritannien, Australien und USA verstärkt Vertragsmodelle etabliert, die sich mittlerweile auch in vertragsfeste Musterwerke, wie bspw. den PPC 2000, FAC-1, NR 21 und NEC 4 oder etwa den Main Roads D&C General Conditions of Contract manifestiert haben. Die vergleichenden Elemente sind insbesondere:

- Kollaboration auf Grundlage von Respekt, Vertrauen, Risiko-/Gewinnteilung;
- Auftragsvergabe nach Qualifikation und nicht nach Preis;
- gemeinsame Planung im Team unter frühzeitiger Einbindung der zuliefernden und ausführenden Firmen;
- gemeinsames Risiko- und Mängelmanagement oder Störungsmanagement;
- Gewährleistungspflichten bleiben bei den jeweiligen Leistenden;
- gemeinsame Entscheidungsfindung nach der Maßgabe „Best for Project";
- kooperative Steuerung (Lean Construction);
- Innovationsgewinnung und Optimierungslösung (z. B. mittels BIM);
- Haftungsverzicht/Beschränkung auch unter Zuhilfenahme von Versicherungsmodellen;
- Konfliktmanagement und
- besondere Vergütungsvereinbarungen mit Anreizsystemen nach Open Book und Selbstkostenerstattungsprinzip sowie gemeinsame Chancen auf Risikopool „Pain-Gain-Share".

Als ein weiteres verbindendes Element kann hier auch der Mehrparteienvertrag verstanden werden, jedoch wird mit den Beiträgen in diesem Buch die These überprüft, ob der Mehrparteienvertrag tatsächlich als ein bindendes bzw. prägendes Element anzusehen ist und ob dieses Element für eine Adaptierung der an sich richtigen Inhalte erforderlich ist.

Diese Frage hängt auch eng mit der Einschätzung des Zuwachses von Mehrparteienvertragssystemen im angloamerikanischen Rechtssystem zusammen. Die Einstandspflichten für Mängel und Haftung sind hier wesentlich ausufernder als im deutschen Rechtsraum. Somit steigt der Leidensdruck von Firmen, eine „Leidens- und Leistungsgemeinschaft" zu schaffen. Zugleich finden sich jedoch auch umfänglichere Leistungspflichten, die sich auch in den allseits bekannten FIDIC-Verträgen widerspiegeln. Die fest etablierten AGB-Werke, wie sie in Deutschland insbesondere für den Bausektor mit der VOB/B bekannt sind, sind im angloamerikanischen Rechtsraum nicht vorhanden. Gemessen an diesen rechtlichen Parametern hat sich selbstverständlich auch das Versicherungswesen unterschiedlich entwickelt. Das angloamerikanische Versicherungswesen ist grundsätzlich nicht mit dem in Deutschland befindlichen, insbesondere am Bau stark auf das Haftpflichtversicherungsrecht der Planer ausgerichteten zu vergleichen.

Bei der Einordnung des Mehrparteienvertragssystems scheint zudem ein wesentlicher Punkt unbeachtet. Bei der Auslegung von Vertragswerken gilt im angloamerikanischen Raum der Parteiwille als tragend. In der deutschen Rechtsprechung dagegen ist der Typenzwang vorhanden, d. h., im Streitfall wird ein Richter nicht prüfen, wie Vertragsparteien den Vertrag benannt haben, sondern ob der Inhalt und die Anwendung der abstrakt generellen gesetzlichen Regelung entsprechend als Vertragstyp vorhanden sind. Dadurch erklärt sich auch die zuweilen betriebene Diskussion, dass der Mehrparteienvertrag keine Gesellschaft bürgerlichen Rechts (GbR) begründen würde, sondern ein Vertragstyp Sui generis sei. Die vertiefte und gerichtliche Überprüfung der These hat bislang nicht stattgefunden. Die Diskussionen in der Fachliteratur scheinen zudem aus Marketingaspekten getrieben. Die Diskussion kann auch hier nicht entschieden werden. Fakt ist jedoch, dass nicht ausgeschlossen werden kann, dass Gerichte einen Mehrparteienvertrag als Gesellschaft bürgerlichen Rechts einordnen könnten, indem sie den Typenzwang zur Einordnung dieses Gebildes in die deutschen Rechtsgebilde vornehmen würden. Damit wäre zugleich verbunden, dass sämtliche GbR-Mitglieder grundsätzlich mit ihrem Vermögen für die Verwirklichung des Projektes haften. Dies birgt neben den weiteren Regelungserfordernissen, die ohnehin in vergütungsrechtlicher, haftungsrechtlicher, gewährleistungsrechtlicher und sonstiger Sicht schon komplex sind, ein erhebliches Abschreckungspotenzial für die Unternehmen der Bauwirtschaft zur Einlassung auf Mehrparteienvertragssysteme. Betrachtet man jedoch auch die übrigen oben vergleichenden Aspekte, so scheint das Merkmal eines Mehrparteienvertrags hier auch gar nicht systemrelevant. Denn alle sonstigen Punkte können entweder durch besondere Vertragsbedingungen i. S. von Allgemeinen Geschäftsbedingungen für alle am Projekt Beteiligten über Einzelverträge umgesetzt werden. Die zusätzlichen wesentlichen „Softfaktoren“ wie die Kollaborationsbereitschaft, Respekt, Vertrauen und eine positive Konflikt-/Fehlerkultur sind ohnehin nicht abschließend vertraglich regelbar, sondern müssen mit Leben gefüllt und durch die Praxis umgesetzt werden.

Ein wesentliches Kernstück für eine integrierte Projektabwicklung scheint zu sein, dass die grundsätzliche Bereitschaft besteht, jenseits jeglichen Berufsstanddünkels die ausführenden und zuliefernden Firmen frühzeitig in das Projekt, d. h. insbesondere in die Planung, zu integrieren und diese sollten wiederum die Bereitschaft mitbringen, ihre Kosten transparent offenzulegen (Open-Book- und Selbstkostenprinzip). Es ist vergütungsrechtliche Kalkulationspraxis der ausführenden Gewerke, dass Allgemeine Geschäftskosten, Baustellengemeinkosten, Wagnis und Gewinn in festen Quoten auf die Selbstkosten aufgelegt werden bzw. zu den Einkaufspreisen hinzugerechnet werden. Durch die im Jahr 2018 durchgeführte Bauvertragsreform werden über die Verweisungskette (§§ 650p, q, b und c BGB) nun auch verstärkt die Planer angehalten, im Fall von Leistungsänderungen während der Ausführung die tatsächlichen Istkosten von Leistungsänderungen zuzüglich angemessener Zuschläge für Allgemeine Geschäftskosten und Wagnis und Gewinn aufzuschlüsseln.

Die technischen und Managementprozesstools, die ohnehin im Vormarsch sind (Lean Construction, BIM und eine andere Herangehensweise an die Abwicklung der Leistungsphasen der HOAI), sind nicht zuletzt durch die Entwicklungen für die Anforderung nach Nachhaltigkeitskriterien, insbesondere des CO_2-Footprints zu gestalten, denn sie bringen die Notwendigkeit mit sich, früher produktspezifisch und detaillierter zu planen, was eine Umstellung der Planungs- und Beschaffungsprozesse bedingt.

Vor diesem Hintergrund wird im Buch auch weiterhin die Möglichkeit beleuchtet, die Elemente der integrierten Projektabwicklung auch im Einzelvertragswesen umzusetzen.

1.6 Annahme in Deutschland

Die starke Verquickung der Schlagworte „integrierte Projektabwicklung“ und „Mehrparteienvertrag“ und des Ansatzes, bewährte Systeme wie bspw. die VOB/B dadurch auszuhebeln, führt derzeit noch zu einer recht zögerlichen Annahme dieser neuen Projektstruktur in Deutschland. Bei der Einführung von integrierten Projektabwicklungsmodellen ist es daher wichtig, die Anwender nicht mit übermäßigen Paradigmenwechseln zu überfordern. Gleichwohl ist an wichtigen gesetzgeberischen Stellschrauben gedreht worden, die eine Grundlage für eine veränderte Projektabwicklung schaffen, seien es die Liberalisierung des Preisrechts durch die HOAI-Novelle 2021, das neue Bauvertragsrecht oder auch die umweltrechtlichen Vorgaben, die schlicht durch den Zwang des Faktischen, was das Ergebnis angeht, neue Anforderungen an den Markt stellen. Zugleich sind die zunehmende Verbreitung von Lean-Management-Anwendungen genauso wie der BIM-Software wichtige Elemente, die den Boden für eine verstärkt integrierte Projektabwicklung bereiten.

Allerdings ist der öffentliche Auftraggeber durch die strengen Vorgaben des Zuwendungs- und Vergaberechts gehemmt; so setzen die Anforderungen an die Vergabereife, die Zwänge zur Ausgestaltung von Vergaben zur Erlangung von vergleichbaren Angeboten und validen Preisen sowie die Stufenbeauftragung hohe Hürden. Doch jenseits der rechtlichen Erfordernisse steht auch schlicht das personelle Problem im Raum, dass die zuständigen Behörden (Bauämter, Liegenschaftsverwaltungen etc.) von der Komplexität der rechtlichen und tatsächlichen Anforderungen im Rahmen knapper Personalressourcen überfordert sind. Nichtsdestotrotz herrscht das Bewusstsein vor, dass sich in der öffentlichen Auftragsvergabe und -abwicklung etwas bewegen muss, wie auch die Bemühungen um die Schaffung von neuen Vertragsregelungen, die vergaberechtlich hoch problematisch sind, zeigen.

Jenseits des vom Vergaberecht gebeutelten öffentlichen Auftragswesens zeigt sich jedoch auch im privaten Bausektor die Bereitschaft und der Wunsch, von den bisherigen Projektstrukturen abzuweichen, um eine Effizienzsteigerung im Bau zu fördern und Streitkosten zu vermeiden.

Zugleich existiert auch verstärkt auf Auftragnehmerseite die Nachfrage nach bspw. Konsortiallösungen und verbesserten und gewerkeübergreifenden Teamstrukturen, um so den Wertschöpfungsgrad auf der ausführenden Seite in Bauprojekten erhöhen zu können, damit auch der Arbeitnehmereinsatz verlässlicher geplant und die Gewinnmarge erhöht werden kann. Fachkräftemangel, Preissteigerungen und Lieferschwierigkeiten verstärken diesen Effekt.

Damit sich die Ansätze der integrierten Projektabwicklung zügig in Deutschland verbreiten können und Aufnahme finden, gilt es, ein Vergabevertrags- und Projektabwicklungssystem zu entwickeln, welches für alle am Bau Beteiligten annehmbar ist und mit einem möglichst moderaten Aufwand und Paradigmenwechsel verbunden ist. Die Wege dorthin sollen im Buch aufgezeigt werden.

2 IPA-Projektaufbau

2.1 Grundvoraussetzung: Haltung und Idee

Bauprojekte stellen derzeit immer die Realisierung von Prototypen dar, auch wenn der Ruf nach mehr seriellem und modularem Bauen immer größer wird. Das bedeutet, dass sich während aller Phasen eines Projektes, begonnen bei der Idee bis zur Fertigstellung, die Rahmenbedingungen ändern können. Jedes Projekt wird durch Unwägbarkeiten, welche sich in Chancen und Risiken ausdrücken, begleitet. Darüber hinaus sind Fehler in allen Phasen quasi projektimmanent. Soll ein Projekt erfolgreich abgewickelt und sollen die prognostizierten Ziele erreicht werden, kommt es wesentlich darauf an, wie ein Bauprojekt mit realistischen Annahmen aufgesetzt und in der Gesamtabwicklung gemanagt wird und wie die Projektbeteiligten zusammenarbeiten. Je reibungsloser der Ablauf funktioniert, je lösungsorientierter zusammengearbeitet wird, je klarer und eindeutiger die Kommunikation zwischen allen Beteiligten erfolgt, desto besser wird das Endergebnis!

Leider zeichnete sich die Projektabwicklung in den letzten Jahrzehnten nicht durch Effizienz und zielgerichtete Abwicklung aus, sondern durch den Versuch, mögliche Fehler, Unwägbarkeiten oder aber auch nur „übliche Risiken" durch umfangreichste Vertragskonstruktionen weg vom Initiator und hin zu allen anderen Projektbeteiligten zu verlagern. Dies hat zur Folge, dass die Projektbeteiligten gezwungen sind, sich umfangreich abzusichern. Dabei treten häufig vor allem rückwärts gerichtete Verhaltensweisen auf, die sich in der Regel in umfangreichen Schuldzuweisungen und Blockaden quer durch das Projekt manifestieren, teilweise bis zum kompletten Stillstand ganzer Projekte. Hier entstehen nicht nur unnötige zusätzliche Aufwendungen bei allen Beteiligten, z. B. durch Mitarbeiter, die sich nur um die Absicherungsmodalitäten kümmern, oder durch kostenintensive rechtliche Unterstützungsmaßnahmen, sondern auch durch Blockaden verbunden mit unnötigen Verzögerungen. Diese Verzögerungen führen ebenfalls zu erheblichen Zusatzkosten. In nahezu allen Fällen bedeutet dies, dass weder effektiv noch effizient oder gar kostengünstig gearbeitet werden kann. Im Gegenteil, Terminüberschreitungen und erhebliche Zusatzkosten sind die zwangsläufige Folge dieser Vorgehensweisen. Das kann dazu führen, dass alle Baubeteiligten so verunsichert und aggressiv sind, dass eine Zusammenarbeit kaum mehr möglich erscheint und wenn doch, dann nur mit einem Rechtsbeistand. Die „Formalie übernimmt die Regie" und alle lösungsorientierten Ansätze werden schon im Keim erstickt.

Vor allem öffentliche Auftraggeber schnüren sich durch vermeintlich wasserfeste Verträge selbst den Erfolg ab, da alle Vereinbarungen in einem meist sehr einseitig zugunsten des AG ausgelegten Vertrages auch exekutiert werden müssen. Ansonsten würden sich die Auftraggebervertreter der Vorteilsnahme schuldig machen. Die Flexibilität, eine sinnvolle Lösung vor einer rechtssicheren Lösung anzustreben, wird dabei von vornherein verhindert bzw. maximal erschwert. Kostenüberschreitungen von mehr als 100 % bis hin zu Terminverzögerungen von mehreren Jahren sind die Folge.

Alle Beteiligten sehnen sich nach einem Abwicklungsmodell, bei dem wieder das Projekt und dessen zielgerichtete Fertigstellung im Mittelpunkt stehen. Die integrierte Projektabwicklung stellt, richtig angewendet, ein solches Modell dar. Dabei liegt der Grundgedanke darin, möglichst frühzeitig das maximale Know-how zusammenzubringen und die Barrieren für eine kollaborative Zusammenarbeit zu minimieren, idealerweise zu eliminieren. Dabei wird grundsätzlich auch auf einen fairen Umgang untereinander auf Augenhöhe geachtet, um das Ziel, alle Kräfte auf die Erreichung der Projektziele zu konzentrieren, erreichen zu können. Auch sollen möglichst alle Aktivitäten, die nicht der Zielerreichung dienen, vermieden werden, wie z. B. der explodierende Schriftverkehr, der sich ergibt, wenn Probleme auftreten und die Suche nach Schuldigen in den Vordergrund gerückt wird, oder die Einbindung von Rechtsberatern, um die „Formalie“ rechtssicher zu erfüllen. All dies dient nicht der Erreichung der Projektziele, im Gegenteil.

So muss zunächst immer gelten, dass die Lösungsfindung Vorrang vor der Identifikation der Verursacher hat (Lösungsfindung vor der Suche nach Schuldigen). Die Grundlage der Zusammenarbeit muss von Vertrauen zueinander getragen werden. Dieses entsteht durch absolute Transparenz, größtmögliche Offenheit und wird getragen vom Gedanken der Kollaboration und nicht nur der Kooperation zwischen den Partnern. Natürlich geht auch dies nicht ohne vertragliche Vereinbarungen. Diese sind jedoch nicht darauf ausgerichtet, Risiken und Chancen einseitig auf Projektbeteiligte zu verlagern, sondern „fair“ zuzuordnen.

IPA kann daher grundsätzlich als Zusammenarbeits- oder Abwicklungsmodell verstanden werden. Der Mehrparteienvertrag, der damit einhergeht, ist die logische Konsequenz, um die angestrebte, transparente und vertrauensvolle Zusammenarbeit der Projektbeteiligten auch im Vertrag abzubilden. Die Idee von IPA ist die Ausrichtung der Ziele aller Projektbeteiligten am Projektergebnis (Best for Project). Mithilfe der vertraglichen Regelungen und der gemeinsamen Gewinn- und Verlustaufteilung sowie Risikoverteilung soll die kollaborative Zusammenarbeit auf vertraglicher Ebene gefördert werden. In (komplexen) Organisationen reicht eine vertragliche Regelung jedoch nur selten aus, um alle, die in dieser Organisation tätig sind, auch zu einer vertrauensvollen und transparenten Zusammenarbeit zu bewegen. Die Grundvoraussetzung für ein erfolgreiches IPA-Projekt ist demnach nicht ein geschlossener Vertrag (erst recht nicht, wenn ihm wegen zahlreicher neuer Regelungen mit einer hohen Skepsis begegnet wird), sondern vielmehr das Vertrauen aller Beteiligten untereinander und in die Arbeitsmethodik.

Dafür ist eine sehr hohe psychologische Sicherheit auf allen Ebenen der gesamten Projektorganisation notwendig. Die psychologische Sicherheit gilt als Voraussetzung für die Bildung einer lernenden Organisation und diese wiederum ist Voraussetzung für Hochleistung von Teams. Die große Herausforderung, vor der jedes Bauprojekt in diesem Zusammenhang steht, ist die Notwendigkeit, unterschiedlichste Organisationen innerhalb einer neuen Projektorganisation zusammenzubringen und diese Rahmenbedingungen für Höchstleistung zu schaffen. Das Zusammenarbeitsmodell IPA will genau da ansetzen und mit kollaborativen Methoden, maximaler Transparenz, gemeinsamen Zielen und vertraglichen Regelungen eine Haltung bei den Projektbeteiligten hervorrufen, welche die vertrauensvolle Zusammenarbeit ermöglicht.

Dabei sind alle am Projekt Beteiligten angehalten, diese Haltung stets zu fördern und zu fordern, unabhängig von Position oder Rolle im Projekt. Wenn dies gelingt, sind der respektvolle Umgang auf Augenhöhe, die positive Fehlerkultur, die gegenseitige Verlässlichkeit und das gegenseitige Vertrauen, die kontinuierliche Verbesserung und Selbstreflexion sowie Entscheidungen im Sinne von „Best for Project" nicht nur leere Worte, die sich gut anhören, sondern gelebte Realität im Projekt.

In einem IPA-Projekt rückt daher die kontinuierliche Verbesserung der Zusammenarbeit durch den offenen und ehrlichen Umgang miteinander deutlich mehr in den Fokus als in anderen, „klassischen" Abwicklungsmodellen.

Weiterhin basiert die integrierte Projektabwicklung auf einer grundsätzlichen Mindset-Änderung. Man setzt auf positive Motivation statt auf Drohgebärden und Strafen. Der Gedanke einer fairen Partnerschaft, die auf eine langfristige Zusammenarbeit ausgelegt ist, soll die Beteiligten auf das Projektziel ausrichten und nicht auf den Nachweis, wer was wann gemäß Vertrag falsch gemacht hat bzw. Formalien nicht erfüllt hat. Durch die kollaborative Zusammenarbeit aller Beteiligten wird diese Vorgehensweise unterstützt und die volle Konzentration auf die Projektziele ausgerichtet.

Treten dann „Probleme" auf, erfolgt die sofortige gemeinsame Lösung und das Projekt kann weitergeführt werden. Ergeben sich aus Lösungen zusätzliche Aufwendungen, werden diese zusammengestellt und dem entsprechenden Risikopool zugeordnet. Im Falle z. B. einer Schlechtwetterperiode durch z. B. einen Winter, der kälter ist als erwartet, werden z. B. Winterbaumaßnahmen veranlasst und durch den Risikopool gedeckt, soweit dies sinnvoller ist, als abzuwarten und weiterzuarbeiten, sobald das Wetter es wieder zulässt.

Die Definition der kollaborativen Zusammenarbeit leitet sich aus folgenden Kernbegriffen ab:

Kooperation:

Wir verstehen unter Kooperation, dass einzelne Teams oder Personen an Teilaufgaben eines Projektes **parallel,** aber unabhängig voneinander arbeiten, um ein (Teil-)Endergebnis zu erreichen. Die Einzelergebnisse müssen dann noch mal zusammengeführt werden, um zu einem Gesamtergebnis zu kommen. Es arbeiten also nicht alle Beteiligten auch an allen Ergebnissen mit.

Kollaboration:

Bei der Kollaboration agieren alle Beteiligten aktiv gemeinsam an allen Teilaufgaben eines gemeinsamen Projektes ohne Abgrenzung von Bereichen, um das bestmögliche Endergebnis zu erhalten, das auf dem Know-how aller Beteiligten basiert. Hier arbeitet man sequenziell eng miteinander verknüpft.

Um diese kollaborative Arbeitsweise zu unterstützen, ist es von großer Bedeutung, dass idealerweise alle für die jeweilige Projektphase notwendigen Beteiligten räumlich möglichst eng zusammensitzen. Zu diesem Zweck kann z. B. ein gemeinsames Büro, der sogenannte Collaboration Space, eingerichtet werden. Aufkommende Fragen oder Abstimmungsbedürfnisse können hier in der Regel sofort oder mit geringem Vorlauf direkt geklärt und umgesetzt werden. Durch die räumliche Nähe und Offenheit sind die Beteiligten auch in die Lösungsfindung involviert und können diese in ihre Arbeit direkt integrieren. Lücken durch vergessene Abstimmungen, z. B. weil man einen Kollegen nicht erreichen konnte oder weil einer Gruppe nicht alle verfügbaren Informationen vorlagen, können somit weitestgehend vermieden werden. Darüber hinaus reduzieren sich Fehler durch fehlende Kommunikation. Für die erfolgreiche Umsetzung ist eine positive und lösungsorientierte Haltung, geprägt durch gegenseitige Wertschätzung und Unterstützung, essenziell.

Die Regeln zur kollaborativen Projektarbeit sollten in einer sogenannten Projekt-Charta zusammengefasst, übersichtlich dokumentiert und von allen Beteiligten zum Zeichen der Akzeptanz abgezeichnet werden. Die Haltung der Beteiligten sollte von den vorgenannten Inhalten und der gemeinsamen Zielausrichtung geprägt sein und fußt auf der Projekt-Charta. Dieser „Verhaltens- und Abwicklungskodex“ ist für alle bindend und stellt somit den Rahmen der Zusammenarbeit dar.

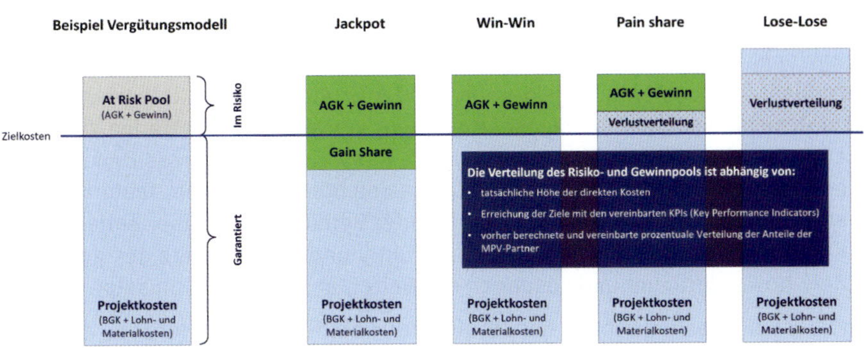

Quelle: Eigene Darstellung

Bild 2-1: Gänges IPA-Vergütungsmodell im Mehrparteienvertrag

2.2 Für IPA geeignete Projekte

Die wesentliche Voraussetzung dafür, ein Bauprojekt mit einer integrierten Projektabwicklungsmethode (IPAM) erfolgreich umzusetzen, ist, maximale Transparenz zu schaffen und offen zu kommunizieren. Es kommt dabei nicht so sehr auf die Art des Projektes an, sondern mehr auf die Menschen, die ein Projekt gemeinsam umsetzen wollen. Dies umso mehr, da nicht alle auftretenden Fälle durch vertragliche Regelungen erfasst werden können und ein Bewusstsein bestehen muss, das nicht auf „Recht haben“, sondern auf die gemeinsame Zielerreichung ausgerichtet ist.

Darüber hinaus ist es von entscheidender Bedeutung, dass von allen Beteiligten der „wahre“ Preis nicht nur ermittelt, sondern auch akzeptiert wird. Der wahre Preis basiert nicht auf der Annahme, dass man Leistungen unter dem tatsächlichen Wert einkaufen kann, da jeder Projektbeteiligte nur dann ein Interesse an der Teilnahme hat, wenn er in der Lage ist, einfacher als „üblicherweise“ seinen Gewinn zu erreichen. Dabei bedeutet einfacher nicht, dass man dafür nichts tun muss, sondern dass man Störgrößen wie Streitigkeiten, Missverständnisse und Übervorteilung möglichst vermeidet. Auch sollten keine anstrengenden und aufwändigen Nachtragsstrategien erforderlich sein. Kurzum, alle nicht dem Erreichen des Projektziels dienlichen Maßnahmen werden vollständig vermieden.

Bauprojekte sind derzeit in den allermeisten Fällen Prototypen und hängen von sich ständig verändernden Rahmenbedingungen ab. Die Umsetzungsdauer von mindestens mehreren Monaten (von der Idee über die Machbarkeitsstudien, die Planung, Umsetzung bis hin zum Betrieb) bis zu mehreren

Jahren bergen ebenso umfangreiche Risiken wie sich verändernde Märkte, Nachfrageschwankungen oder auch nur das Wetter.

Grundsätzlich basieren Projekte, die auf der Grundlage eines integrierten Projektabwicklungsmodells umgesetzt werden, vor allem auf Vertrauen zwischen den Projektbeteiligten. Vertrauen darauf, dass ein gleichartiges Bewusstsein der Beteiligten dahingehend besteht, dass nichts vollkommen, fehlerfrei oder perfekt funktionieren wird und deshalb jeder Beteiligte lösungsorientiert arbeitet und jede Abweichung vom Ziel konstruktiv und unter Einsatz des gesamten Know-hows aufnimmt und Lösungen erarbeitet, abstimmt und umsetzt.

In diesem Zusammenhang muss nicht nur sichergestellt werden, dass die beteiligten Unternehmen (Planer, Berater, Firmen etc.) diese Grundgedanken umsetzen, sondern dass auch der Initiator des Projektes, der Auftraggeber, in der Lage ist, dies nicht nur zu akzeptieren, sondern auch vorzuleben.

Es zeigt sich also, dass es bei einem IPA-Projekt nicht auf die Art des Projektes ankommt, sondern vielmehr auf die Menschen, die das Projekt gemeinsam umsetzen wollen. Das bedeutet, dass alle Beteiligten sowie die dahinterstehenden Organisationen (angefangen bei der Bauherrenorganisation) die offene und transparente Kommunikation leben. Sollte sich im Verlauf des Projektes herausstellen, dass dies (bei einzelnen Beteiligten) nicht der Fall ist, schadet das einem Projekt mit IPA deutlich mehr als einem Projekt mit „klassischer“ Abwicklungsmethode und der IPAM droht der gleiche Verlauf wie dem typischen VOB-Schriftverkehr: Das Kooperationsprinzip am Bau galt und gilt bereits seit den Anfängen des Baurechts im deutschen Rechtsystems; Behinderungs-, Bedenken- und Mehrkostenanzeige sind eigentlich Ausdruck genau von diesem, da der Auftraggeber in die Lage versetzt werden soll, auf Störungen und Veränderungen im Bauprojekt zu reagieren. Doch haben die typischen Fallstricke in der Vergabe, der Usus der Niedrigstpreisvergabe und insbesondere unfertige Planung als Basis von Vergaben dazu geführt, dass die zu Kooperationszwecken geschaffenen Instrumente der Behinderungs-, Bedenken- und Mehrkostenanzeige als Red Flags verstanden werden, die Auftraggeber häufig dazu veranlassen, einen Abwehrkampf gegen höhere Ausgaben zu führen und Planer in die Verteidigungshaltung zu bringen. Die Planer leugnen Planungs- oder Ausschreibungsfehler, während Auftragnehmer das Nachtragsmanagement zur eigenen Disziplin des Bauablaufs erklären. Die Praxis zeigt aber, dass in einem guten Miteinander von Auftraggeber, Planer und Ausführenden durchaus auch die kooperativen Elemente des VOB-Schriftverkehr erkannt und gelebt werden können; so war gerade in Zeiten der Lieferverzüge und Preisexplosionen der vermehrte Rückgriff auf Open-Book-Lösungen hilfreich.

2.3 Rollen/Leistungsbilder (neue und altbekannte)

Um eine integrierte Projektabwicklung umsetzen zu können, müssen die Rollen und Verantwortlichkeiten der wesentlichen Projektbeteiligten definiert sein. Grundsätzlich werden diese Rollen nicht sehr von denen bei einer herkömmlichen Projektabwicklung abweichen. Wesentlich abweichen werden die Grundhaltung der Beteiligten und deren Verantwortungsbereiche.

2.3.1 Principal – Auftraggeber

Der „Principal" oder Auftraggeber stellt den Initiator des Projektes dar. Die grundsätzlichen Rollen und Verantwortlichkeiten des Auftraggebers/Initiators weichen bei der Abwicklung eines Projektes nach dem integrierten Projektabwicklungsmodell von denen bei herkömmlicher Abwicklung dahingehend ab, dass der Auftraggeber allen Projektbeteiligten ein größeres Mitspracherecht einräumt und vor allem auf lösungsorientierte Vorgehensweisen setzt. Dabei ist es ebenfalls von entscheidender Bedeutung, dass Störungen, Fehler, Meinungsverschiedenheiten etc. innerhalb der Organisation durch die vorhandenen Rollen und Verantwortlichkeiten, z. B. durch den Einsatz besonderer Gremien, aufbereitet und besprochen werden sowie eine Klärung immer schnellstmöglich herbeigeführt wird, an die sich alle Projektbeteiligten halten.

Da der Auftraggeber nach wie vor das „Hauptprojektrisiko" trägt, muss er ein wohl austariertes Anordnungs- und Vetorecht erhalten. Ebenso müssen Risikoklassen so aufgebaut sein, dass z. B. einseitige und z. B. nur durch einen Sonderwunsch des Auftraggebers verursachte Änderungen und zunächst damit verbundene Risiken dem Auftraggeber zugeordnet werden. In einem klaren Verfahrensablauf zur Implementierung solcher „Scope"-Änderungen wird dann analog zu den Grundsätzen des Gesamtprojektes der Chancen- und Risikotopf ergänzt und fortgeschrieben.

2.3.2 IPA-Coach

Der IPA-Coach unterstützt den Auftraggeber/Initiator bei der gesamten Organisation und dem Management aller erforderlichen Aktivitäten. Dabei führt er das Bündnis aus den unterschiedlichen beteiligten Parteien. Er organisiert die Zusammenarbeit und übernimmt mit seinem Team alle Ergebnisse, sodass alle jederzeit den Stand des Projekts abrufen können (Termine, Kosten, Qualitäten, Genehmigungen, Chancen und Risiken etc.), wer gerade an was arbeitet, welche nächsten Aktivitäten anstehen und inwieweit alle erforderlichen Entscheidungen oder Klärungen erfolgt sind. Der IPA-Coach sorgt für die Einhaltung der Inhalte der „Projekt-Charta" und initiiert und führt übergeordnet Klärungen von unklaren oder offenen Sachverhalten herbei.

Der IPA-Coach ist – in zu definierenden Grenzen – bzgl. der Arbeitsmethodik gegenüber den Projektbeteiligten weisungsbefugt und bereitet übergeordnete Entscheidungen vor, sodass diese in den dafür zuständigen Gremien entschieden werden können. In einem für den IPA-Coach definierten Rahmen entscheidet er dringende Angelegenheiten direkt.

Der IPA-Coach führt das IMT (IPA-Management-Team) und sorgt für die Umsetzung der vom SMT (Senior-Management-Team) erarbeiteten Ziele und Vorgaben. Dabei organsiert und führt der IPA-Coach auch das SMT.

Der IPA-Coach unterliegt der „Aufsicht" durch den „Gesellschafterrat" bzw. dem Senior-Management-Team (SMT).

2.3.3 IPA-Management-Team

Das IPA-Management-Team (IMT) deckt alle relevanten Funktionen hinsichtlich der Steuerung des Projektes ab. Das bedeutet, dass zum einen ausreichend Experten mit Managementerfahrung zu allen Handlungsbereichen und in jeder Projektphase vorhanden sein müssen. Hilfsweise kann man hierzu die Struktur der AHO (Ausschuss der Verbände und Kammern der Ingenieure und Architekten für die Honorarordnung) heranziehen, die nach Handlungsbereichen und Projektstufen (hier die genannten Projektphasen) untergliedert ist:

Handlungsbereiche

- A Organisation, Information, Koordination und Dokumentation
- B Qualitäten und Quantitäten
- C Kosten und Finanzierung
- D Termine, Kapazitäten und Logistik
- E Verträge und Versicherungen

Projektstufen

- Projektvorbereitung
- Planung
- Ausführungsvorbereitung
- Ausführung
- Projektabschluss

Im Gegensatz zu den Inhalten der AHO ist das IMT im Auftrag der Vertreter der IPA-Beteiligten aktiv und agiert immer im Sinne „das Beste für das Projekt" (Best for Project). Soweit unterschiedliche Auffassungen innerhalb des

Projektes auftreten, werden diese projektintern geklärt. Dazu wird der betreffende Sachverhalt in einer Entscheidungsvorlage nach dem System „choosing by advantages“ vom IMT aufbereitet und dem Senior-Management-Team vorgestellt. Hier erfolgt dann eine Mehrheitsentscheidung, wie weiter verfahren werden soll.

2.3.4 Senior-Management-Team

Das Senior-Management-Team (SMT) besteht aus Vertretern aller beteiligten Unternehmen, die sich unter dem integrierten Projektabwicklungsmodell zusammengeschlossen haben. Ebenfalls Mitglied ist der Projektinitiator (Principal). Dem Projektinitiator, der in klassischen Abwicklungsmodellen den Bauherr/Auftraggeber darstellt, kommt beim IPA-Modell eine besondere Funktion zu, da dieser im Gegensatz zu den weiteren Beteiligten nicht aus dem Projekt herausgenommen werden kann. Darüber hinaus erhält er eine stärkere Entscheidungsmacht, um in Pattsituationen eine Entscheidung herbeizuführen. Dabei erfolgt die Ergebnisfindung immer auf Grundlage der vereinbarten Regeln für das IPAM. Sollten Themen im SMT zu grundsätzlichen „Streitigkeiten“ führen, z. B. wenn eine vereinbarte Regelung widersprüchlich ist oder verschiedene Interpretationen zulässt, wird als nächste Eskalationsstufe der Gesellschafterrat einberufen, der dann eine Lösung ähnlich wie ein Schiedsgericht herbeiführen soll. Das SMT führt das Gesamtprojekt im Sinne eines „Steering Committees“ (Steuerungsgruppe) und trifft alle Entscheidungen innerhalb des vereinbarten Rahmens. Soweit Entscheidungen Auswirkungen auf das Gesamtbudget (bei z. B. Überschreitung des Gesamtbudgets) oder die Terminschiene (bei z. B. Überschreiten des vereinbarten Endtermins) haben, müssen diese im Gesellschafterrat fallen.

2.3.5 Gesellschafterrat

Der Gesellschafterrat besteht ebenfalls aus Vertretern aller beteiligten Unternehmen, die sich unter dem integrierten Projektabwicklungsmodell zusammengeschlossen haben. Im Gesellschafterrat sind dabei in aller Regel die Geschäftsführer oder Prokuristen der beteiligten Unternehmen vertreten, wobei im Senior-Management-Team im Wesentlichen sehr erfahrene Manager der jeweiligen Unternehmen vertreten sind. Man kann sich den Gesellschafterrat ähnlich einem Aufsichtsrat einer Aktiengesellschaft vorstellen. Das bedeutet, dass dieser die Aktivitäten im Projekt begleitet und überwacht, jedoch nur aktiv eingreift, soweit dies z. B. bei einer Schieflage oder bei besonderen Risiken erforderlich wird. Dies wird ebenfalls in der jeweiligen vertraglichen Vereinbarung zum IPAM festgelegt.

2.3.6 Externe Berater

Folgt der Auftraggeber dem Mehrparteienvertragsmodell, so wird er dem aus dem Auftragnehmerteam generierten IPA-Management, SMT und Gesellschafterrat noch diverse externe, außerhalb der Struktur stehende Berater, wie z. B. Sachverstände, Rechtsberater und Adjudikatoren/Mediatoren, zu dem Projekt zuweisen, die entweder im Auftraggeberlager oder in neutraler Funktion stehen. Ähnlich dem Modell des Engineer oder des Streitschlichtungsgremiums in FIDIC-Verträgen wären diese Positionen der Neutralität verpflichtet; um dies auch für die Auftragnehmerseite sichtbar zu machen, bietet es sich an, vertraglich zu regeln, dass in Streitfällen zunächst von beiden ein hälftiger Vorschuss gezahlt wird und am Ende nach Verursachungs-/Haftungsquoten die Kosten geteilt werden.

Gerade im Mehrparteienvertragssystem wird ein Auftraggeber nicht ohne Rechtsrat zur Vertragsauslegung auskommen; die Praxisprojekte zeigen, dass bereits die Startphase – gleich ob im privaten oder öffentlichen Sektor – sehr kompliziert ist und allein durch den Umstand, dass es sich um eine weniger bekanntes Vertragssystem handelt, liegt auf der Hand, dass die Umsetzungsphase – gerade bei geförderten Projekten – für Auftraggeber (und auch Auftragnehmer) mit erheblichen Rechtsunsicherheiten belegt ist. So wurde in der Vergangenheit eine dauerhafte Rechtsbegleitung vorgesehen. Um Unsicherheiten zu vermeiden, wäre auch in solchen Fällen klar zu regeln, ob es sich bei dieser Rechtsbegleitung um eine Funktion aus dem Auftraggeberlager oder neutraler Art handeln soll.

2.4 Projektphasen des „Integrierten Abwicklungsmodells" (IPAM)

Im Gegensatz zur herkömmlichen Projektabwicklung nach HOAI oder AHO-Phasen richtet sich die integrierte Projektabwicklung ausschließlich an den Erfordernissen einer erfolgreichen Projektabwicklung aus. Das bedeutet auch, dass für jedes Projekt entsprechend seinen definierten Rahmenbedingungen der Ablauf auch variieren kann. In jedem Fall gibt es keine „phasenreine", nacheinander getaktete Abwicklung, sondern eine voll integrierte Abwicklung. Dies ergibt sich schon aus dem Einsatz der BIM-Methode, die die Beteiligten dazu zwingt, von Anfang an die inhaltlichen Anforderungen an die Modelle detailliert zu definieren und gemeinsam im Gesamtmodell zu arbeiten. Dies erfolgt durch die regelmäßige Zusammenführung der Teilmodelle der einzelnen Gewerke. Dabei wird im Gesamtmodell das Zusammenspiel der Einzelmodelle hinsichtlich Kollisionen bzw. Fehlannahmen untersucht bzw. festgestellte Abweichungen werden korrigiert.

Diese integrative Zusammenarbeit reduziert Planungsfehler auf ein Minimum und erhöht gleichzeitig die Belastbarkeit darauf basierender Aussagen zu Kosten, Qualitäten und Terminen. Darüber hinaus sind Anpassungen schneller und sicherer umsetzbar, soweit sich diese Erfordernisse ergeben sollten. Auch werden Optimierungspotenziale leichter erkannt, mit belastbaren Kosten- und Terminaussagen unterlegt und zur Entscheidung gebracht.

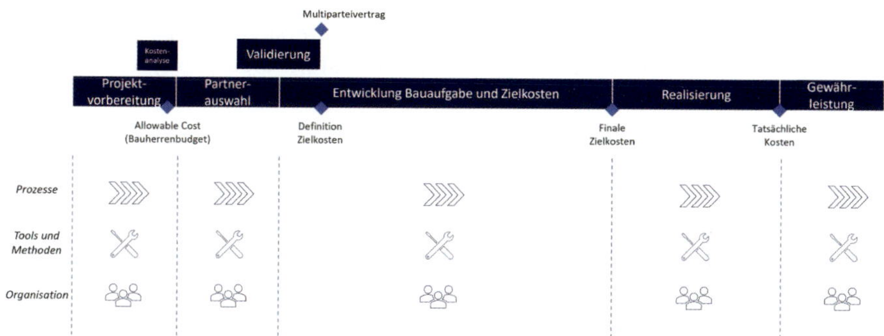

Quelle: Eigene Darstellung

Bild 2-2: Phasen in einem IPA-Projekt

2.4.1 Projektvorbereitung

In der Phase der Projektvorbereitung sind durch den Projektinitiator (Auftraggeber) die Werte und Ziele so genau wie möglich zu definieren. Werte informieren darüber, was mit dem Projekt erreicht werden soll. Ziele stecken den inneren (Mindestanforderungen und Qualitäten) und äußeren Rahmen (Ressourcen, i. d. R: Kosten und Termine) für ein erfolgreiches Projekt ab, sie werden wie folgt definiert und voneinander unterschieden:

Werte beantworten die Fragen nach „Was ist uns wichtig?“ und „Was wollen wir erhalten?“. Sie

- sind nicht quantifizierbar,
- stellen erstrebenswerte Merkmale dar,
- sollen durch das Ergebnis (durch das Produkt/Projekt) erfüllt werden und
- spiegeln die Identität der Organisation bzw. des Kunden wider.

Ziele beantworten die Fragen nach „Was müssen wir (mindestens) erreichen?“ und „Was wollen/können wir dafür hergeben?“. Sie

- sind quantifizierbar,
- sind eindeutig definierbar,

- stellen konkrete Vorgaben für das Projekt dar,
- müssen erreicht werden, um das Projekt erfolgreich abzuschließen.

Zum besseren Verständnis von Werten und Zielen in diesem Zusammenhang stellen wir nachfolgend ein einfaches Beispiel vor. Dabei fällt auf, dass nicht immer eindeutig zwischen Werten und Zielen unterschieden werden kann:

So ist z. B. das Ziel eines Projektinitiators, eine statische Anfangsrendite in Höhe von 5 % zu erreichen, für die Kriterien, die zuvor für Ziele beschrieben worden sind, erfüllt. Für die Planer jedoch stellt diese Vorgabe kein Ziel dar. Um die gewünschten 5 % als Ziel für die Planer nutzbar zu machen, ist es erforderlich, genau darzustellen, wie diese 5 % erreicht werden können und was die Planer dafür tun müssen. Zum Beispiel könnte eine Grundlage für die Zielerreichung sein, dass mindestens eine Mietfläche (MF) von 25.000 m^2 nach GIF bei einer mittleren Ausstattungsqualität der gesamten Flächen sowie mit einer mechanischen Kühlung und Lüftung erforderlich ist. Das Ziel ist dabei quantifizierbar (25.000 m^2 MF), wobei weitere Parameter, wie z. B. „eine mittlere Qualität", erst noch erarbeitet werden müssen, um diese dann zu quantifizieren (mit Kosten zu belegen), damit ein tatsächlicher Abgleich mit der Zielvorgabe der 5 % durchgeführt werden kann.

Die Unterscheidung zwischen Werten und Zielen ist essenziell, um transparente Entscheidungen treffen zu können, da diese die Basis für alle im Projekt zu treffenden Entscheidungen sind (vgl. Abschnitt 6.3). Werden die Werte und Ziele nicht oder nur ungenau definiert, führt das zu Intransparenz und damit unweigerlich zu langen Entscheidungsprozessen bis hin zu Fehlentscheidungen, was insbesondere in der Validierungsphase, aber auch in den weiteren Projektphasen zu großen Verzögerungen führen kann.

Neben der reinen Definition des gewünschten Projektergebnisses (Produktlastenheft) sind in der Phase der Projektvorbereitung auch die Ablauf- und Aufbauorganisation und eine Abwicklungsstrategie zu definieren (Abwicklungslastenheft). Dazu gehört die Definition von Prozessen, Methoden und Tools sowie Rollen und Verantwortlichkeiten, die zur Erreichung der Kundenziele bzw. des Produktlastenheftes notwendig sind unter Berücksichtigung der Besonderheiten eines IPA-Projektes. Themen, die im Rahmen der Projektvorbereitung definiert werden sollten, sind unter anderem:

2.4.1.1 Prozesse

- Zeitinvestition und Ablauf der Projektvorbereitungsphase
- Definition Input/Output für alle IPA-Phasen (Partnerauswahl, Validierung, Erarbeitung Bauaufgabe und Zielkosten, Realisierung und Gewährleistung)

- Definition der Prozesse für alle IPA-Phasen, insbesondere:
  - Managementprozesse
  - Planungsprozesse
  - Bauausführungsprozesse
- Finalisierung der Prozesse auf Basis der ausgewählten Tools und Methoden (Integration der Prozesse und die Tools und Methoden wie Lean und BIM)
- Erarbeitung der Prozesse und des Terminablaufs für die Partnerauswahl

2.4.1.2 Tools und Methoden

- Aufsetzung der Tools und Methoden unter dem Aspekt „Best for Project" und auf Basis der Prozesse (z. B. durch transparente und frühzeitige Definition von Anwendungsfällen, der Tools und der Methoden)
- Festlegung übergreifender, sich gegenseitig unterstützender Tools und Methoden zur Zielerreichung (Integrated Solutions)
- Klare Definition der Methoden, z. B.: Choosing by Advantages, Target Value Design, Agiles Design Management, Lean Site Management, BIM Level, Colocation
- Festlegung von Standarddokumenten

2.4.1.3 Organisation

- Definition und Zuordnung der Rollen und Ebenen zu den Prozessen, Tools und Methoden (Aufgaben, Kompetenzen, Verantwortlichkeiten (auf Basis der Bedürfnisse und der Befähigung der Bauherrenorganisation))
- Ableitung der Strukturen (Aufbauorganisation) und eindeutige Aufgabenzuordnung der definierten Rollen und Ebenen und Definition der organisatorischen Schnittstellen
- Definition der Mehrparteienvertragsstrategie und Umfang: Partnerstruktur, Anzahl und Inhalte der IPA-Partner
- Erarbeitung Grundkonzept Mehrparteienvertrag

Aus dem Ergebnis der Projektvorbereitung werden alle weiteren Schritte abgeleitet. Daher ist es essenziell, hier sehr sorgfältig und mit ausreichend Know-how ausgestattet vorzugehen.

Beispiel möglicher Inhalte und Vorgehensweisen in der Projektvorbereitung

Die Projektvorbereitung erfolgt in aller Regel durch den Initiator mit externer Unterstützung, idealerweise mit Partnern, die auch bei der Projektrealisierung eine Rolle einnehmen. Hier werden die Grundlagen für die Projektrealisierung gelegt und mögliche Abwicklungsstrukturen entwickelt.

2.4.1.4 Projektidee

Die Projektidee muss zunächst konkretisiert werden, sodass z. B. grobe Rahmenbedingungen wie Flächenbedarf, technische Ausstattung, Funktionen und Markteinflüsse Berücksichtigung finden und ein erstes skizzenhaftes Modell einer möglichen Lösung erarbeitet wird. Dabei greift das Team des Projektinitiators in der Regel auf Erfahrungswerte aus bereits abgewickelten Projekten zurück und modifiziert diese auf die aktuelle Situation. Idealerweise wird auch hier schon eine Zieldefinition erarbeitet, die die Grundlage für die weiteren Ausarbeitungen darstellt.

2.4.1.5 Feasibility Study/Machbarkeitsstudie

Auf Basis der Projektidee muss dann eine Vertiefung erfolgen, die in aller Regel der Systematik „vom Groben ins Feine“ folgt, um genauere Daten hinsichtlich der Machbarkeit unter den gegebenen Rahmenbedingungen zu generieren. Dazu muss sich der Projektinitiator klar werden, welche erforderlichen Leistungen notwendig werden und wer diese erbringen kann. Soweit der Initiator nicht über eigenes Know-how verfügt, werden hier externe Berater eingeschaltet. Dabei muss definiert werden, welche Anforderungen an das Projekt bestehen, und zwar aus der Sicht des Initiators, aber vor allem auch aus der Sicht der späteren Nutzer. Dies kann über ein sogenanntes Programming erfolgen oder wird aus Erfahrungswerten bei vergleichbaren Projekten abgeleitet. Programming wird in diesem Zusammenhang so verstanden, dass mit den potenziellen Nutzern bzw. auch Stellvertretern dieser Nutzer die Anforderungen an die planungs- und bauerrichtungsrelevanten Leistungsinhalte, die Nutzungszuordnung zu Flächen und Ebenen etc. im Performance-Team erarbeitet werden. Die Ergebnisse werden in einem Lasten- und Pflichtenheft der sogenannten User Requirement Specification (URS) zusammengefasst. Die URS bildet dann die Grundlage der weiteren Projektschritte.

a) Feasibility Study Phase 1 (Machbarkeitsstudie Phase 1)

Auf der Grundlage der URS erfolgen die ersten Planungsschritte mit dem Ziel, ein zwar noch grobes, aber möglichst klares Bild der Projektaufgabe zu erarbeiten. Dabei werden erste Skizzen und Pläne erarbeitet und mögliche Massenmodelle entwickelt. Diese Leistungen entsprechen ungefähr der Definition der Leistungsphase 2 nach HOAI (Vorentwurf) und sollen eine Genauigkeit bei den Kosten von +/– 30 % erreichen. Grundlage der Kostenprognose in dieser Phase sind Kennwerte über Flächen, Volumen etc. ergänzt um erste Risikobewertungen aus aktuellen und erwarteten Marktverhältnissen inkl. einer Abschätzung möglicher Preissteigerungen im Zuge des Projektverlaufes. Dazu wird in dieser Phase ebenfalls ein Abwicklungsmodell entwickelt und mit einem groben Terminablauf der wesentlichen Gewerke hinterlegt. Die Ergebnisse dieser Machbarkeitsstudie (Feasibility Study) sind dann die Grundlage für notwendige Freigaben von Mitteln, z. B. um die Planungsleistungen weiter vorantreiben zu können, um z. B. nach der Leistungsphase 3 (nach HOAI) der Entwurfsplanung die endgültige Projektfreigabe zur Realisierung zu erhalten.

b) Feasibility Study Phase 2 (Machbarkeitsstudie Phase 2)

Nach Freigabe der notwendigen Mittel zur vertieften Planung in der Feasibility Study Phase 2 (FSph2), werden die Planungsleistungen so vorangetrieben, dass am Ende der Stufe 2, die oft auch Teile der Leistungsphasen nach HOAI 4 (Genehmigungsplanung) und 5 („Ausführungsplanung“) beinhaltet, ausreichend Informationen und Planungsinhalte vorhanden sind, um das Gesamtprojekt endgültig freizugeben. Die Ergebnisse dieser Phase 2 werden in einem sogenannten Design Validation Report zusammengefasst. Dieser beinhaltet insbesondere ausreichende planerische Darstellungen des Gebäudes, so wie es gebaut werden kann und auch genehmigungsfähig ist, einen belastbaren Projektablauf, die Definition der Qualitäten und die Kostenberechnung mit einer Genauigkeit von +/– 10 %.

Wenngleich die Feasibility Study ähnliche Inhalte wie die Leistungsphasen 1 bis 3 der HOAI enthält, bietet es sich an dieser Stelle an, nicht einen typischen HOAI-Vertrag zu schließen, sondern die Machbarkeitsstudie als ergebnisoffenen Dienstleistungsvertrag auszugestalten und die inhaltlichen Anforderungen klar zu definieren, um den Boden für ein IPA-Projekt zu bereiten. So wird der werkvertragliche Haftungsumfang für den Planer reduziert und der Abstimmungsbedarf intensiviert. Zugleich liegt auf der Hand, dass für die Vorbereitung eines IPA-Projektes mehr bzw. andere Inhalte benötigt werden als bei einer konventionellen Planung.

2.4.1.6 Eignung der Organisation des Projektinitiators (Auftraggeber)

Eine wesentliche Frage, die zu Beginn eines IPAM geklärt werden sollte, stellt die Eignung der Organisation des Projektinitiators für die Umsetzung eines IPA-Projektes dar. Da zur erfolgreichen Abwicklung eine sehr enge Zusammenarbeit auf Augenhöhe mit hohem Vertrauen zueinander und mit maximaler Transparenz zwingend erforderlich ist, muss sichergestellt sein, dass der Projektinitiator nicht versucht, die Partner im Sinne eines klassischen Auftraggebers als „Erfüllungsgehilfen“ zu sehen, denen er vorschreibt, was sie zu tun haben, sondern er muss mit ihnen gemeinsam Lösungen und Abläufe entwickeln und vorantreiben. Soweit dies nicht sichergestellt werden kann, sollte ein Projekt nicht mit der IPAM umgesetzt werden.

Nachfolgend eine Beispielcheckliste und ihre notwendigen Inhalte:

- Ideenphase (Projektidee)
- Zieldefinition
- Definition der Rollen und Verantwortlichkeiten
- Programming (Nutzeranforderungen klären)
- Definition Prozesslandschaft und Terminrahmen
- Definition der IPAM-Tools und -Werkzeuge (z. B. Lean-Prinzip, BIM)
- Machbarkeitsprüfung (Feasibility Phase)
- Investitionskostenprognose/Wirtschaftlichkeitsbetrachtung/Case-Bewertung (qualitativ)
- Definition des Partnerzielbildes und der Partnerskills
- Definition des Vergütungsmodells Basisvariante
- IPAM-Charta entwickeln
- Vertragsstruktur der Zusammenarbeit definieren
- Definition „Colocation"
- Prüfung, inwieweit die „Organisation des Projektinitiators" geeignet ist für IPA-Methodik

2.4.2 Partnerauswahl

Bei der Partnerauswahl bzw. Auswahl des Performance-Teams muss in einem IPA-Projekt der Fokus deutlich auf die Qualität der Zusammenarbeit gelegt werden. Der Preis bzw. die Honorare und Gemeinkosten müssen immer wieder mit den Honorarbestandteilen der Investitionskostenprognose (IKOP) abgeglichen und verifiziert werden. Vor allem die Annahme der erforderlichen Gesamtplanungskapazitäten ist ständig zu verifizieren und zu validieren. Wenn die IKOP-Annahmen realistisch getroffen wurden, sollten die Abweichungen unter 5 % betragen. Eine Auswahl nach Kosten sollte, wenn überhaupt, als lediglich allerletztes Ausschlusskriterium im gesamten Partnerauswahlprozess zum Tragen kommen.

Die Überprüfung der Passung der zukünftig tatsächlich im Projekt tätigen Personen wird dadurch wesentlicher Bestandteil des gesamten Auswahlverfahrens (z. B. über ein Assessment-Center zur Prüfung der Teamfähigkeit). Bereits in dieser Phase werden die ersten Grundsteine für die zukünftige Zusammenarbeit gelegt und die Projektbeteiligten lernen sowohl die eigenen Stärken und Schwächen als auch die der anderen kennen. Mögliche Faktoren, die dafür herangezogen werden können, sind:

- Soft Factors: Bereitschaft für Innovation, Zusammenarbeit, kontinuierliche Verbesserung und Transparenz, eigene Motivation für IPA, Führung und Unternehmenskultur, Reputation, Vertrauen etc.
- Hard Factors: Erfahrung mit IPA/Partnering/Lean/BIM/Colocation/..., Kapazitäten, Grundstrukturen, bisherige Erfahrungen aus gemeinsamer Zusammenarbeit etc.

Die Ergebnisse aus der Projektvorbereitung werden in der Phase der Partnerauswahl hinzugezogen und der Eignung der Bewerber entsprechend gegenübergestellt, sodass bereits in sehr früher Phase mögliche Lücken oder fehlende Kompetenzen identifiziert werden können.

Zum Abschluss der Partnerauswahl werden die Ablauf- und Aufbauorganisation und damit auch die Prozesse, Methoden und Tools sowie Rollen und Verantwortlichkeiten finalisiert. Außerdem wird der Ablauf zur Durchführung der Validierungsphase gemeinsam erarbeitet und die Projekt-Charta unterschrieben.

Die Vorgehensweise bei der Partnerauswahl ähnelt dem regulären Ausschreibungs- und Vergabeprozess, wobei die Schwerpunkte, wie vorhin beschrieben, anders gelegt werden. Nachfolgend sind einige Beispielinhalte dargestellt, die als Checkliste verwendet werden können:

- Request for Information erstellen und umsetzen
- Potenzielles Partnerfeld definieren
- Request for Proposal erstellen und umsetzen, die Auswahl sollte dann in einer Art Assessment-Center erfolgen
- Abwicklungsanforderungen und Schnittstellen definieren
- Finalisierung der IPAM-Charta (gemeinsame Charta)
- Rollen- und Leistungszuweisung final festlegen
- Abschluss Vertragswerk inkl. Ablauf und Inhalt von Drittvergaben
- Finale Aufbau- und Abwicklungsorganisation definieren
- RACI-Matrix erstellen und verabschieden

2.4.3 Validierungsphase

In der Validierungsphase werden die einzelnen Projektbestandteile, die durch die Partner erarbeitet wurden, zusammengefasst und hinsichtlich des vereinbarten Ziels verifiziert und validiert. Hier werden dann gemeinsam auch die Zielkosten festgelegt.

Nachfolgend Beispiele zu den erforderlichen Prozessen, Tools und zur Organisation für eine optimierte Umsetzung.

2.4.3.1 Prozesse

- Finalisierung Input/Output Validierungsphase und Prozesse (Abwicklungslastenheft)
- Frühzeitige Taktung der Validierungsabläufe
- Definition der Meilensteine (wann welche Informationen von welchem Partner zu liefern sind und wann die Meilensteine erreicht werden sollen)
- Zeitinvestition für die Validierungsphase
- Klare Fixierung eines Design-Freeze, sodass auf gleichem Stand weitergearbeitet wird (wenn Validierung und Planung parallel laufen)
- Gemeinsame Finalisierung der Vertragsinhalte auf Basis des Abwicklungslastenhefts (Formulierung in verständlicher Sprache)
- Frühzeitige Kommunikation des Fertigstellungstermins des finalen Vertragskonstrukts
- Erstellung AIA + BAP und Kommunikation der Verbindlichkeit

2.4.3.2 Tools

- Festlegung und Vorgabe der Kostenstruktur und Kalkulation
- Definition der Inhaltstiefe der Validierung (z. B. Kostenqualität +/– x %)
- Umsetzung der definierten Tools und Methoden in dem Abwicklungslastenheft (Choosing by Advantages, Target Value Design, Agiles Design Management, Lean Site Management, Lean A3, BIM, Co-location, Revizto, ProjectWise etc.)
- Umsetzung von Design to Cost und Target Value Design, wenn das Kostenziel nicht erreicht wird
- Überprüfung der Kosten anhand von Benchmarks
- Abrechnung der Aufwendungen BGK/Overhead/Management auf Basis der erstellten Prozesse

2.4.3.3 Organisation

- Etablierung des Kulturwandels IPA bei allen Partnern (ein Kulturbeauftragter je Vertragspartner): Planer und Firmen aktiv thematisch abholen und einbinden
- Finalisierung der Projektorganisation auf Basis der erarbeiteten Strukturen aus der Projektvorbereitungsphase (Aufbauorganisation)
- Eindeutige Aufgabenzuordnung der Partner und Personen zu den Rollen im IPA sowie den Prozessschritten
- Vorbereitung des Sitzungskalenders auf Basis der Prozesse
- Klare Herausstellung der Haltung der IPA-Partner in der finalen Vertragsstruktur (Verantwortung abgeben und einfordern)
- Finalisierung Vertragsstruktur

2.5 Vertragsmanagement

Die Ansätze rund um integrierte Projektabwicklungen werden in den Diskussionen häufig mit der Frage nach einem Mehrparteienvertrag diskutiert. Diese Verbindung ist jedoch keineswegs zwingend. Nach Ansicht des Autorenteams ist es vielmehr erforderlich, auf inhaltlicher Ebene zunächst zu schauen, was genau mit einem IPA-Ansatz verwirklicht werden soll, und darauf die Vertragswerke abzustimmen. Auf Grundlage dieser Analyse sprechen viele Argumente für die Umsetzung von integrierten Projektabwicklungs-Einzelverträgen.

2.5.1 Mehrparteienvertragssystem

Insbesondere im angloamerikanischen Raum entstand die Idee des Mehrparteienvertrags. Die Bandbreite der anzudenkenden Konstellationen ist mannigfaltig. So kann ein Mehrparteienvertrag einerseits zwischen Auftraggeber, Generalplaner und Generalunternehmer bestehen, was die Sache nicht sehr kompliziert macht; andererseits kann ein Mehrparteienvertrag auch zwischen Objekt- und Fachplaner sowie Fachgewerken geschlossen werden sowie sämtliche Mischformen. Dies macht deutlich, dass ein Mehrparteienvertrag bspw. obsolet wird, wenn ein Auftraggeber einen Generalübernehmer auf Grundlage einer Machbarkeitsstudie mit Planung und Bau beauftragt, wie es z. B. beim FIDIC Silver Book-Turnkey-Vertrag vorgesehen ist; der Generalübernehmer bindet dann seine Subunternehmer ein und der Auftraggeber hat vielleicht noch Sachverständige zur Prüfung der Mangelfreiheit an der Seite.

Als Grundlage für diesen Ansatz dient die Idee, dass Auftraggeber, planende und ausführende Firmen und sonstige am Bau Beteiligte ein Team bilden, welches vollumfänglich für die Erfüllung der Bauaufgabe einsteht. Somit hat der Auftraggeber lediglich einen Vertrag für Ansprüche auf Erfüllung und Gewährleistung. Gemeinschaftlich arbeiten dann die am Bau Beteiligten gegen einen vorher definierten Chancen-Risiko-Pool (Wagnis und Gewinnanteil). Die reine Leistungserfüllung wird dagegen zunächst auf Selbstkostenbasis mit vorher durchschnittlich ermittelten Aufschlägen für Allgemeine Geschäftskosten und besondere Gemeinkosten versehen. Die Verbindung in einem gemeinsamen Vertrag mit einem gemeinsamen Chancen-Risiko-Pool an Vergütung soll eine Blaming-Kultur verhindern und dafür sorgen, dass alle Beteiligten kollaborativ ein gemeinsames Ziel verfolgen.

Insbesondere dann, wenn die Initiative für einen Mehrparteienvertrag von dem Auftraggeber ausgeht, wird eine sehr lange Anbahnungsphase erforderlich sein, in der die Mehrparteivertragsparteien gefunden, sondiert und vertragsrechtlich auf eine Linie gebracht werden. Je weniger Vorbereitung in der Auftraggebersphäre läuft, insbesondere zur Leistungsdefinition, umso langwieriger wird die Vorverhandlung, bspw. um das grundsätzliche Leistungssoll festzulegen.

Zusätzliche Schwierigkeiten, insbesondere bei der Nachverhandlung, sind dann zu erwarten, wenn nicht von Anfang an das komplette Performance-Team – zumindest in den Schlüsselgewerken – besetzt ist, sondern nachträglich noch wesentliche Parteien gesucht oder ausgetauscht werden. Hierbei ist genau darauf zu achten, dass bei einer Nachverhandlung die essenziellen Vertragsthemen, welche bereits Bindungswirkung für die übrigen Mehrparteienvertragsteilnehmer entfaltet haben, nicht mehr verändert werden (insbesondere in Fragen der Haftung, Gewährleistung und Vergütung).

Die Kostenstruktur, d. h. die eigentlichen Erfüllungsleistungen sind möglichst auf Selbstkostenbasis mit angemessenen Zuschlägen für AGK und BGK zu vergüten, was zugleich ein gewisses Ungleichgewicht zwischen den planenden und ausführenden Firmen bedingt. Denn die Selbstkostenbasis wird leichter nachzuweisen sein, je mehr Subunternehmer tätig werden, da auf diese dann der gewohnte GU-Aufschlag/Koordinierungsaufschlag berechnet wird. Da Planende eher selten mit Subunternehmern arbeiten, führt dies zu einem Ungleichgewicht in dem Nachweis von angefallenen Selbstkosten.

Die Einbindung ist auch aufgrund der teilweise vergemeinschafteten Haftung für Erfüllung, Gewährleistung und Bauverzug äußerst problematisch. So ist beispielsweise schwer zu erklären, warum ein Rohbauer, der seine Leistung termingerecht fertiggestellt hat, wegen eines Leistungsverzugs z. B. der TGA

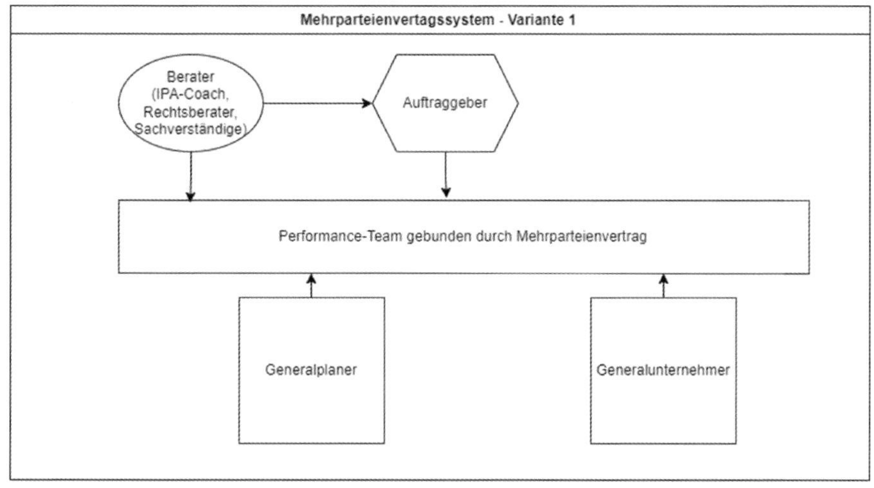

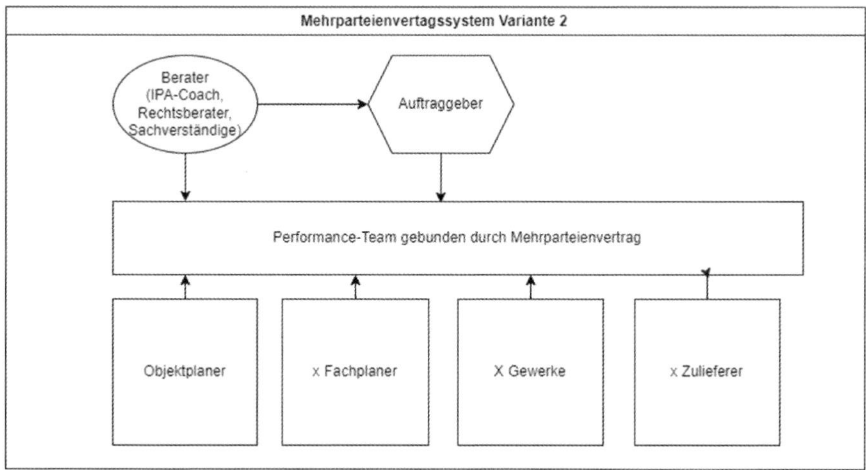

Quelle: Eigene Darstellung

Bild 2-3: IPA im Mehrparteienvertragssystem

oder des Innenausbaus auf Gewinnanteile verzichten soll, wenn diese aufgrund des Leistungsverzugs insgesamt geschmälert werden; dies wird zumindest zu Unstimmigkeiten im Innenverhältnis führen.

Die Subunternehmer werden in der Regel nicht als eigentliche Parteien des Mehrparteienvertrags angesehen. Sie sind somit Dritte. Je nach Haftungsgefüge des Mehrparteienvertrags stellen dann Leistungsstörungen durch Dritte

Tatbestände dar, die nicht von der Vergemeinschaftung der Leistungspflichten miterfasst werden. Sie können daher nur schwer in das Leistungsstörungsrecht, wie es im Mehrparteienvertragssystem aufgebaut ist, integriert werden. Voraussetzung ist also, dass insbesondere für die Nachunternehmer ein vorher durch das Mehrparteienvertragsteam festgelegtes Vertragswerk nebst Auswahlprozess aufgelegt wird. In der Praxis wird dies jedoch zu erheblichen Problemen führen, insbesondere solange Subunternehmer erst kurzfristig eingebunden werden.

Von den vehementen Vertretern des Mehrparteienvertragssystems wird die Auffassung vertreten, dass der Zusammenschluss von Parteien im Mehrparteienvertragssystem eine Gesellschaft sui generis ist. Diese Annahme gründet darauf, dass es in Anlehnung an das angloamerikanische Recht in der Hand der Beteiligten läge, Gesellschaftsform und Gesellschaftsrecht selbst festzulegen. Die Vertreter der Gegenthese argumentieren, dass der Mehrparteienvertrag dem Typenzwang, welcher im deutschen Recht vorherrscht, unterworfen ist und daher die Mehrparteienvertragsgesellschaft als Gesellschaft bürgerlichen Rechts zu verstehen ist. Im Rahmen dieser haften alle an der Gesellschaft Beteiligten nach außen (gegenüber Dritten und damit z. B. auch Subunternehmern; gegenüber dem Auftraggeber) vollumfänglich mit dem eigenen Vermögen. Verursacht also bspw. der Nachunternehmer A für Innenausbau eine Beschädigung an der Vorleistung des Subunternehmers B im Gewerk Rohbau, so können sich diese Nachunternehmer bei allen an der Gesellschaft Beteiligten vollumfänglich den Schaden ersetzen lassen. Gleiches gilt selbstverständlich für sonstige Dritte, die am Bau nicht unbedingt beteiligt sind. So könnten etwa Grundstücksnachbarn durch Beschädigungen am Eigentum Ansprüche grundsätzlich gegen jeden in der Gesellschaft geltend machen. Im Innenverhältnis wäre sich dann damit auseinanderzusetzen, wer tatsächlich wofür haftet. Dies ist eine äußerst unbefriedigende Situation, die in den Auswirkungen nur begrenzt kompensierbar ist. Die häufig gewählte Lösung, jegliche Risiken durch Versicherungen abdecken zu wollen, funktioniert nur bedingt. Insbesondere zeigen die meisten Versicherungsmodelle, dass ein höherer Selbstbehalt beim Mehrparteienvertragssystem zu vereinbaren ist, sodass zumindest ein Schaden in Höhe des Selbstbehalts tatsächlich eintritt.

Hinzu kommt schließlich, dass das Mehrparteienvertragssystem einen erheblichen Paradigmenwechsel in der deutschen Rechtslandschaft bedeutet und die Annahme an das traditionell eher konservativ denkende Baugewerbe daher schleppend ist. Dies wird insbesondere dadurch verstärkt, dass bspw. die Anwendungen der VOB/B in einigen Modellen keine Berücksichtigung finden, sodass auch diese praktisch bewährten Regelungen keinen Eingang finden. Dies spiegelt sich dann im Umgang mit Leistungsstörungen wider, da zusätzliche Unsicherheiten auftreten.

2.5.2 Einzelvertragssystem

Integrierte Projektabwicklung ist auch in Einzelvertragswerken möglich. Einzelvertragswerke sind die üblichen Konstellationen in Deutschland. Einzelverträge würden bereits dann existieren, wenn bspw. der Auftraggeber lediglich einen Generalplaner mit Subplanern und einen Generalunternehmer/-übernehmer mit Subunternehmern beauftragt. Jedoch auch die Konstellation, dass bspw. die Fachplaner separat oder aber auch die Einzelgewerke separat beauftragt werden, steht der Anwendung der IPA-Methodik nicht entgegen. Dies ist umso mehr der Fall, als bereits aufgezeigt wurde, dass wichtiger als die Vertragswerke die gelebte Projektkultur ist.

Integrierte Planung (Tandemplanung) ist auch im Einzelvertragswesen möglich. Die ausführenden Firmen müssen lediglich vertraglich bspw. dazu verpflichtet werden, auch bereits in der Entwurfs- und Ausführungsplanung mitzuwirken. Spiegelbildlich können dann die Planenden vertraglich durch baubegleitendes Qualitätsmanagement/Bauüberwachung im Bauvorhaben weiter engagiert bleiben. Ein bereits in der Praxis öfter erprobtes Modell sieht vor, dass neben den planenden die ausführenden Firmen in einem Stufenvertrag gebunden werden, in Stufe 1 eine Mitarbeit in der Planung nach den Grundsätzen des Design to Costs/Target Value Design zu erbringen und die Leistungsverzeichnisse auszuarbeiten, um dann in der Stufe 2 die Ausführungen an sich zu erbringen. Durch die Stufe 1 wird eine höhere Qualität der Planung erreicht und zugleich verhindert, dass sich eine Blaming-Kultur wegen lückenhafter oder widersprüchlicher Ausführungsunterlegen etabliert, wodurch zugleich das Risiko von Behinderungs- und Bedenkenanzeigen reduziert wird.

Das Erfordernis der Transparenz in der Kostenstruktur kann durch die Vereinbarung vom Open-Book-Verfahren mit zusätzlichen bereits am Markt befindlichen Tools zur Preisnachverfolgung erfüllt werden.

Streitschlichtungsklauseln bzw. Streitlösungsklauseln können in den Planer- und Bauverträgen gleichermaßen vereinbart werden. Um eine Gleichbehandlung sicherzustellen, können diese Regelungen für ADR (Alternativ Dispute Resolution) als AGB in Besondere Vertragsbedingungen (z. B. ADR-BVB) gegossen werden, die dann in die Verträge für alle am Bau Beteiligten aufgenommen werden.

Die wichtigen Bausteine BIM und Lean Management in der jetzigen Anwendung in Einzelvertragssystemen beweisen bereits, dass bspw. über die Auftraggeber-Informations-Anforderungen (AIA) sowie die Auftraggeber-Lean-Anforderungen (ALA) als AGB für alle am Bau Beteiligten eine gemeinsame Arbeitsgrundlage geschaffen werden kann. Anknüpfend an dieses Modell können daher auch IPA-Anforderungen in den bereits für den Vertrag vorgesehenen Vertragswerken, z. B. als Besondere Vertragsbedingungen (IPA-BVB) für alle am Bau Beteiligten, festgelegt werden.

Diese Herangehensweise hat den Vorteil, dass die Regelungen auch nachträglich unkompliziert auf das Performance-Team und die aufgenommenen Parteien übertragen werden können. Sie bildet auch den tatsächlichen Projektverlauf gut ab, sodass zunächst mit Planern die ersten Grundlagen, Vorentwurfs- und Entwurfsplanungen vorgenommen werden, um den Leistungskorridor für ein späteres Design-to-Costs-Verfahren legen zu können. Auch die Besonderheit im deutschen Bauvertrags- und Planervertragsrecht, die eine Preisabrede nicht zwingend erfordert, eröffnet zahlreiche Möglichkeiten. Denn gerade bei der integrierten Projektabwicklung ist die Regelung der Preisermittlung maßgeblicher als die letztendliche Vergütung.

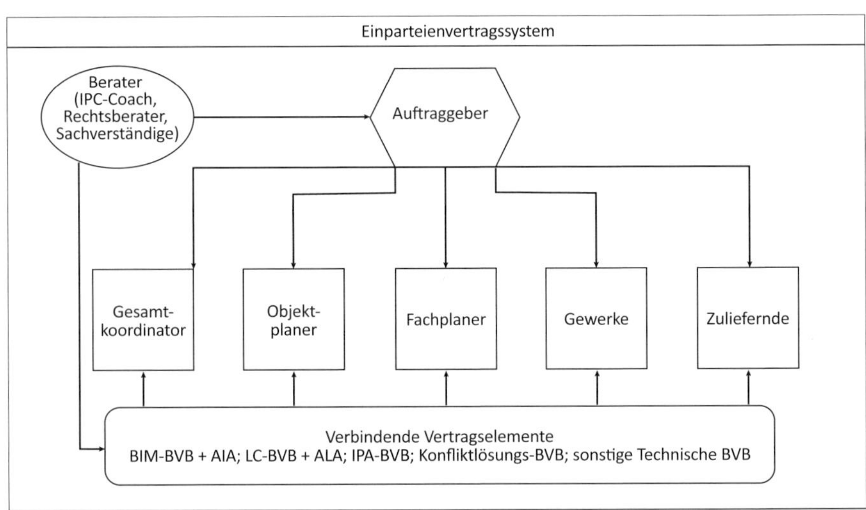

Quelle: Eigene Darstellung

Bild 2-4: IPA im Einzelvertragssystem

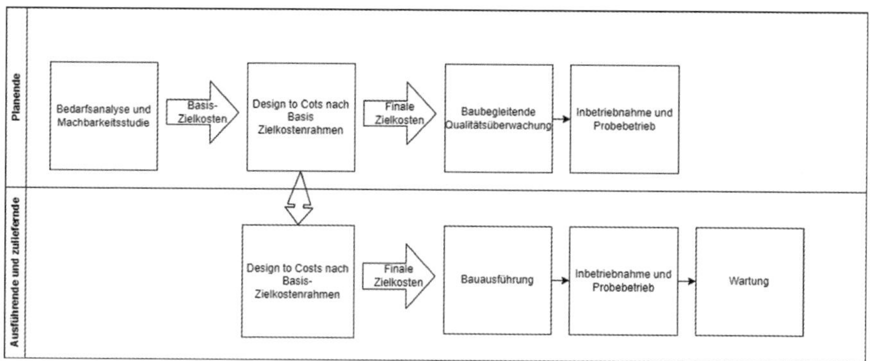

Quelle: Eigene Darstellung

Bild 2-5: Vereinfachte Darstellung Tandemplanung und -ausführung

Insbesondere mit Blick auf das Design-to-Costs-Verfahren und die Absicherung des Auftraggebers, genauso wie des Auftragnehmers, bietet die Stufenbeauftragung sowohl für die Planenden als auch die Ausführenden eine hervorragende Lösung. Im Planervertrag bedeutet dies, dass zunächst die Planungs- und Überwachungsziele, die grundsätzlichen Anforderungen sowie bis zum Vorentwurfslevel die Machbarkeit geprüft und erste Qualitäten etc. festgelegt werden können (so fordert es auch § 650q BGB). In Stufe 2 könnte dann die Entwurfs-, Ausführung- und Genehmigungsplanung im Tandemplanungsverfahren mit den Ausführenden erbracht werden und in Stufe 3, nach tatsächlicher Beauftragung der Ausführung aufgrund der finalisierten Ausführungsplanung und damit der finalen Kostenentscheidung, die baubegleitende Qualitätsüberwachung/Oberleitung/Objektüberwachung. Letztlich könnte auch eine Stufe 4 für die Inbetriebnahme vorgesehen werden, ähnlich den Regelungen im FIDIC-Vertrag für die Testing-Phase.

Für die ausführenden Firmen könnte ein Stufenvertrag wie folgt aussehen:

- Stufe 1: Mitwirkung bei der Tandemplanung bis hin zur Aufstellung der finalen Leistungsverzeichnisse und damit der Kostenplausibilität,
- Stufe 2: Ausführung,
- Stufe 3: Abnahme und Inbetriebnahme,
- ggf. Stufe 4: Wartung.

Durch die Stufenbeauftragung besteht für beide Seiten die Möglichkeit, festzulegen, ob zu den im Design-to-Costs-Verfahren ermittelten Konditionen tatsächlich der Bau entstehen soll. So entsteht aufgrund von kooperativem Verhalten Planungssicherheit in Bezug auch auf Termine und Kosten.

2.5.3 Vertragsunterlagen

Für die Vertragsunterlagen kann grundsätzlich auf das übliche Vertragsgerüst bzw. die Angaben in § 1 Abs. 2 VOB/B zurückgegriffen werden. Die Anlagen gliedern sich wie folgt:

- objekt-/projektbezogene Anlagen;
- leistungsbezogene Anlagen;
- vergütungsbezogene Anlagen und
- Streitschlichtungsanlagen.

2.5.3.1 Objektbezogene Anlagen

Zu den objekt-/projektbezogenen Anlagen gehören grundsätzlich:

- Lageplan und Projektidee;
- Bedarfsplanung und Feasibility Study/Machbarkeitsstudie.

Die Feasibility Study, in der – in Angliederung an § 650 p Abs. 2 BGB – die wesentlichen Planungs- und Überwachungsziele für das jeweilige Bauvorhaben skizziert werden sollen, ist die wichtigste Grundlage, um generell mit weiteren Planern und auch ausführenden Unternehmen in die Diskussion über das Projekt einzusteigen. Hier sind die wesentlichen Parameter wie Größe, Anzahl der Nutzungseinheiten, Lage, Qualitätsziele etc. festzulegen. Die Feasibility-Studie wird üblicherweise im Rahmen einer ersten Ermittlung mit Objektplanern und in der Regel auch technischen Fachplanern zur Erstentwicklung von Wirtschaftlichkeitsuntersuchungen in Bezug auf Nachhaltigkeit erstellt. Die Ausgestaltung eines solchen Feasibility-Studien-Auftrags würde üblicherweise unter die Bedarfsplanung nach DIN 18205 fallen und damit als Besondere Leistung i. S. d. Anlage 10 zu § 34 HOAI bzw. Anlage 15 gelten. Zugleich ist es sinnvoll, diesen Auftrag vielmehr als Dienstleistungsauftrag zu verstehen, da der Ausgang ungewiss und eine werkvertragliche Haftung hier nicht vorgesehen ist. Für die Objektplaner könnte dies zugleich auch die erste Stufe im Vertragswesen sein, da die Parameter bei erfolgreicher Feasibility Study dann auch in den weiteren Vertrag eingebunden werden können. Gleichermaßen ist es jedoch auch möglich, dies als getrennten Auftrag und damit als allererste Stufe für eine Projektentwicklung aufzusetzen. Im Rahmen der Feasibility Study können dann auch erste Fördermittelmöglichkeiten herausgezogen werden. Dies wiederum ist wichtig für das gesamte Bauvolumen.

2.5.3.2 Leistungsbezogene Anlagen

Die leistungsbezogenen Anlagen sind insbesondere die Leistungsbeschreibungen, die nicht nur aus der textlichen Beschreibung, sondern auch aus allen relevanten projektbeschreibenden Unterlagen bestehen wie z. B. dem Ergebnis der Fesaibility-Studie, den ersten BIM-Modellen/-Plänen, den Auftraggeberinformationen/Lean-Anforderungen, Genehmigungen und Fördermittelbescheiden. Die Leistungsbeschreibung ist nach ständiger Rechtsprechung sowohl beim Planervertrag als auch beim Bauvertrag erforderlich, um die genauen Leistungsparameter festzulegen. Insbesondere nach der Novellierung der HOAI 2021 und durch die Implikationen der neuen Leistungsanforderungen nach der BIM-Methode und dem Lean Management, ist es von erheblicher Bedeutung, dass der Auftraggeber sich bemüht, die Leistung für die Planenden genau zu bestimmen. Hierbei geht es nachweislich darum, insbesondere im Rahmen einer Tandemplanung, die Schnittstellen der unterschiedlichen Gewerke und die zeitliche Abfolge zu überprüfen. Dabei sind redundante und damit obsolete Planungsleistungen zu vermeiden und nicht zu beauftragen. Insbesondere im Design-to-Costs- bzw. Target-Value-Design-Verfahren bietet es sich an, frühzeitig auf produktspezifische Planungen umzustellen. Hierdurch werden bspw. die typischen Teilleistungen, die in der herkömmlichen Projektabwicklung, den HOAI-Leistungsphasen 5 bis 7, recht spät erfolgen, vorgezogen.

Für die Leistungsbeschreibung stehen auch i. S. d. § 1 Abs. 2 Nr. 1 VOB/B grundsätzlich zwei Möglichkeiten zur Verfügung, wobei eine für das IPA-Verfahren von bevorzugter Bedeutung ist. Die VOB kennt grundsätzlich die Unterscheidung in Leistungsprogramme (funktionale Ausschreibung) und Leistungsbeschreibung anhand von Einzelpositionen, Mengen und Vordersätzen. Letztere kann erst in einem späteren Stadium ausgeführt werden, wenn die Plausibilisierung stattfindet; bei jeglicher Form der IPA werden die detaillierten Leistungsbeschreibungen erst am Ende der Planungsphasen aus der Zusammenarbeit der Planenden und Ausführenden erstellt – gleichsam von den Ausführenden produktspezifisch gegen den Kostenrahmen des Auftraggebers. Denn am Anfang geht es insbesondere bei der Tandemplanung darum, die für ein Bauvorhaben optimale Lösung zu finden. Es sollte nicht frühzeitig auf eine Leistungsbeschreibung mit Einzelpositionen zugearbeitet werden, um die Variantenprüfung zu ermöglichen, welche dann jedoch auch bereits durch die Prüfung im BIM-Modell zügig und umfangreich erfolgen kann. Gleichwohl bestünde im Rahmen einer Tandemplanung, deren Ergebnis eine produktspezifische Planung ist, die Möglichkeit, dass sich die ausführenden Firmen gemeinsam mit den Lieferanten die Leistungsbeschreibungen selbst erstellen, welche dann von den jeweiligen Planern/Fachplanern plausibilisiert und überprüft werden, um den Kostenrahmen einzuhalten und die geforderten Qualitäten zu erreichen. Insofern ist sowohl bei den Planern als auch bei den ausführenden Firmen im ersten Stepp auf eine funktionale Leistungsbeschreibung umzustellen, in der lediglich die Bauaufgabe mit dem grundsätzlichen Qualitätsstandard und Mindestanforderungen zu beschreiben ist. Die funktionale Leistungsbeschreibung ermöglicht es dann, mit Planern und ausführenden Firmen die optimale Lösung auch gegen den Kostenrahmen zu erstellen. Da bei dieser Methodik die Mengen- und Preisgerüste wie auch die Produktspezifika im gemeinsamen Planungsprozess durch die Auftragnehmer ermittelt werden, werden typische Nachtrags-/Behinderung- und Bedenkenrisiken deutlich und mithin fast ausschließlich auf die Änderungsanordnungen während der Bauphase reduziert.

Neben den eigentlichen Leistungsbeschreibungen für die Planungs- und Ausführungsgewerke erfordert ein erfolgreiches Projekt die Erstellung der spezifischen BIM- und Lean-Unterlagen. Dies sind insbesondere:

- Auftraggeber-Informations-Anforderungen (AIA),
- vorläufiger BIM-Ablaufplan (BAP),
- BIM-BVB, Besondere Vertragsbedingungen für BIM-Leistungen,
- Auftraggeber Lean-Management-Anforderungen (ALA),
- vorläufiger Lean-Ablaufplan/Taktplan,
- Lean-BVB.

Die Aufzählung macht deutlich, dass der Auftraggeber – unabhängig von der Frage, ob er ein Einzel- oder Mehrparteienvertragssystem anwendet – gute Vorarbeiten leisten muss, die jedoch mittels externer Hilfe im Rahmen der Feasibility-Phase erarbeitet werden können; mit zunehmender Standardisierung und Erfahrung der Auftraggeber werden diese Dokumente jedoch aus der jeweils vorhandenen Auftraggeber-Management-/IT-Infrastruktur determiniert. Ausführungen hierzu sind in den Kapiteln 3 und 4 zu finden.

Zu den leistungsbezogenen Anlagen gehören dann ggf. Zusätzliche/Besondere/Allgemeine Technische Vertragsbedingungen für die Bauleistung/Ausführung (ATV, BTB, ZTV) wie in herkömmlichen Projekten. In diesen Unterlagen können dann spezifischere Ausführungen zu Qualitäten, Produktnachweisen etc. geführt werden. Mit Blick auf die neueren Anforderungen zur Nachhaltigkeit werden hier Regelungen zum Nachweis des CO_2-Footprints, Datensätzen etc. erforderlich werden.

Schließlich kommen noch die üblichen Unterlagen wie Rahmenterminplan, Erfüllungs- und Gewährleistungsbürgschaft hinzu.

2.5.3.3 Vergütungsbezogene Angaben oder Anlagen

Aufgrund des Umstandes, dass im IPA-Verfahren, insbesondere wenn ein Design-to-Costs-Verfahren durchlaufen wird, die Vergütung noch nicht vollumfänglich geregelt werden kann, ist es sinnvoll, in einer gesonderten Anlage oder im Vertrag für alle am Bau Beteiligten die Vergütungs-Ermittlungsgrundlagen eindeutig festzulegen.

Das deutsche Werkvertragsrecht erlaubt es aufgrund insbesondere des § 632 Abs. 2 BGB, dass die Vergütung bei Vertragsschluss nicht vollständig definiert sein muss (anders z. B. im Kaufvertrag, dort ist der Kaufpreis eine essentialia negotii). Entscheidend ist allerdings, dass sich die Parteien einig sind, dass die Leistungen an sich vergütungspflichtig sind. Nach § 632 Abs. 2 BGB ist, sofern die Vergütungspflicht unstreitig ist, aber keine Vergütung vereinbart ist, die übliche Vergütung, also die Vergütung nach ortsüblichen und angemessenen Preisen, welche im Zweifel sachverständig festgestellt werden kann, zu zahlen.

Hinzu kommt, dass nach der Bauvertragsrechtsreform 2018 die Nachtragsvergütung in § 650c BGB ergänzend bzw. neben den Regelungen in § 2 VOB/B geregelt ist. Dort ist manifestiert, dass bei vertraglichen Änderungen die tatsächlich erforderlichen Kosten mit angemessenen Zuschlägen für Allgemeine Geschäftskosten, Wagnis und Gewinn zu ermitteln sind (es sei denn, es liegt eine vertraglich vereinbarte Urkalkulation vor, die fortgeschrieben werden kann). Dieses Nachtragsbild weicht von der VOB/B ab und gilt anders als die VOB/B über § 650q BGB auch für Planer. Die tatsächlichen Kosten sind hier nach herrschender Meinung wirtschaftlich zu verstehen, d. h., im Änderungsfall wären die tatsächlich entstandenen Kosten (Eigenkosten) nach Soll- und Ist-Ablauf abzugleichen.

Festzustellen ist, dass mit § 650q Abs. 2 BGB diese Nachtragsvergütungsregelung auch für Planerverträge gilt. In § 650q Abs. 2 BGB heißt es hierzu: *„Für die Vergütungsanpassung im Fall von Anordnungen nach § 650b Absatz 2 gelten die Entgeltberechnungsregeln der Honorarordnung für Architekten und Ingenieure in der jeweils geltenden Fassung, soweit infolge der Anordnung zu erbringende oder entfallende Leistungen vom Anwendungsbereich der Honorarordnung erfasst werden. Im Übrigen gilt § 650c entsprechend.*" Das heißt, dass das Nachtragsrecht aus der HOAI (Wiederholung von Grundleistungen bzw. Erhöhung der anrechenbaren Kosten § 10 HOAI 2021) zwar grundsätzlich gilt, jedoch nur wenn tatsächlich die Gültigkeit der HOAI vereinbart wurde und zusätzlich die Grundleistungen betroffen sind. Insbesondere im IPA-Verfahren bietet es sich jedoch an, sich vom Regelungsgefüge der HOAI 2021 mit den starren Prozentsatzzuordnungen zu emanzipieren, was seit der Aufgabe des Anwendungszwangs mit der HOAI 2021 auch möglich ist. Die starre Einordung in die Leistungsphasen der Leistungsbilder geht nicht konform mit den Projekterfordernissen und setzt – insbesondere gedankliche –Hürden bzgl. der Äquivalenz von Leistung und Vergütung durch die starr zugeordneten Prozentsätze; bereits in BIM-Projekten mit den kopflastigen Planungen zeigen sich die Hindernisse. Es ist wichtig, dass auch Architekten und Ingenieure für die Planungsleistungen Vergütungsätze in Ansatz bringen, welche dann auch nach tatsächlichen Bedarfen abgerufen werden. Dies dient der fairen Vertragsabhandlung mit Blick auf eine Äquivalenz von Leistung und Vergütung, insbesondere mit Blick auf Verlängerung oder Wiederholung von Leistungen im Rahmen des Target-Value-Design-Verfahrens oder aber im Rahmen der Objektüberwachung, welche durch die Prozentsätze der HOAI nicht ausreichend berücksichtigt sind, bzw. auch als Leistung im Rahmen der IPA, die nur in modifizierter Form zum Einsatz kommt.

Doch nicht nur für Planer breitet sich bzgl. der Vergütungsstrukturen Neuland aus. Auch Bauausführende treffen auf neue Erfordernisse. So müssen diese nun für die Tandemplanung Planungsleistungen anbieten. Hier drängt sich in der Einführungsphase ein Stundenvergütungsmodell auf. Ein solches macht aber die Auftragswertschätzung und Budgetkalkulation für den Auftraggeber schwierig. Zugleich könnten auch in Anlehnung an die HOAI-Ermittlungen Pauschalvergütungsabreden eine Option sein; für diese käme es z. B. unter Anwendung der Siemon-Tabellen darauf an, einzelne Leistungsanteile richtig einzuordnen. In der Planungsphase müssen sich die Auftragnehmer aufgrund des Open-Book-Verfahrens zudem überlegen, wie sie ihre Wettbewerbsfähigkeit über gute AGK- und BGK-Ansätze sichern.

Für das Einzelvertragssystem ist es ungleich unkomplizierter als für das Mehrparteienvertragssystem: Bei Ersterem ist es maßgeblich, dass in der Vergütungsermittlungsgrundlage enthalten ist, dass grundsätzlich nach Eigenkosten zu vergüten ist und dass angemessene Zuschläge für die Allgemeinen Geschäftskosten (AGK) und auch Baustellengemeinkosten (BGK) entrichtet werden und schließlich ist der Wagnis- und Gewinnzuschlag festzusetzen. Mit Blick auf den Wagnis- und Gewinnzuschlag ist es dann insbesondere erforderlich, Parameter einzubeziehen, die eine Vergemeinschaftung des Gewinnrisikos ermöglichen.

Findet zudem das Konzept Anwendung, dass nicht nur ausführende Firmen, sondern auch zuliefernde Firmen in Planung und Umsetzung involviert werden, fokussiert sich das Leistungs- und Vergütungsspektrum der ausführenden im Wesentlichen auf die Montageleistungen, während die direkt georderten Produkte als bereitgestellte Baustoffe vom Auftraggeber „zur Verfügung gestellt“ werden.

Schließlich ist es sinnvoll, der Vergütungsermittlung auch einen Zahlungsplan beizufügen. Dieser wäre im Rahmen des weiteren Verfahrens zu spezifizieren. Insbesondere die Ereignisse in Krisenzeiten verbunden mit Lieferschwierigkeiten haben gezeigt, dass für Vorauszahlungen und Abschlagszahlungen eine gewisse Flexibilität zu gewährleisten ist. Insbesondere nach AGB-Kontrolle und gesetzlichem Leitbild kann das Abschlagszahlungsrecht nach § 632a BGB ohnedies nicht abbedungen werden. Gleichwohl ist es sinnvoll, statt der Vereinbarung zu Abschlagszahlungen eine Vereinfachung des Zahlungslaufs festzulegen, z. B. dass bei Anlieferung von Materialien auf der Baustelle sogleich Zahlungsflüsse erfolgen. Hier kann bspw. durch Finanzdienstleister sichergestellt werden, dass die Finanzierungen angestoßen werden. Bei Vorauszahlungen steht mit Sicherheit zunächst die Gewährleistung im Vordergrund, Vorauszahlungsbürgschaften sind in diesem Fall vorgesehen. Grundsätzlich können wir also für den Zahlungsplan vier Arten der Zahlungen unterscheiden:

- Vorauszahlung (gegen Vorauszahlungsbürgschaft),
- Ratenzahlung (bspw. nach definierten Zeitpunkten oder Leistungsständen, ähnlich den Regelungen nach Makler- und Bauträgerverordnung (MABV), wie z. B. Fertigstellung Rohbau, Fertigstellung Dach),
- Abschlagszahlungen nach § 632 a BGB (Anspruch auf Abschlagszahlung für in sich abgeschlossene Leistungen ohne wesentliche Mängel),
- Schlusszahlung.

2.5.3.4 Konfliktlösungs-BVB

Da mit dem IPA-Ansatz auch die Konfliktkultur verändert werden soll, ist es von erheblicher Bedeutung, dass Streitlösungsverfahren – etwa bei Leistungsstörungen bzw. Störungen des Bauablaufs durch bspw. Planungslücken, Widersprüchlichkeiten, Optimierungsvorschläge, Störungen durch Dritte/von außen, durch Leistungsänderung etc. – geregelt sind. Insofern ist es sinnvoll, in einer Anlage für alle am Bau Beteiligten darzustellen, wie die Streitlösungskaskade aussieht. Näheres hierzu ist in den Kapiteln 3.5 und 4.9 zu finden.

2.5.3.5 Rechtliche Einordnung

Allen Anlagen ist gemein, dass die Anlagen der AGB-Prüfung unterliegen. Denn alle Anlagen, insbesondere auch die Leistungsbeschreibung sind Allgemeine Geschäftsbedingungen i. S. d. §§ 305 BGB ff. Insofern unterliegen sie auch der Inhaltskontrolle nach § 307 BGB und müssen daher zur Wirksamkeit auf erhebliche Abweichungen von gesetzlichen Leitbildern hinweisen, sie müssen Wagnisse und Risiken und damit auch Abweichungen z. B. vom Kalkulationsgefüge von VOB/C und HOAI ausweisen.

Zugleich hat dies den Vorteil, dass diese als AGB zu sehenden Unterlagen als für alle am Bau Beteiligten verbindlich erklärt und auch schon in den Vergabeunterlagen veröffentlicht werden können. So wird eine Gruppe von einzelvertraglich beauftragten Unternehmungen zu einem Ganzen verbunden und auf eine gemeinsame Vertragsgrundlage verpflichtet, ohne dass ein Mehrparteienvertrag vonnöten ist.

2.5.3.6 Sonstiges – Anlage Versicherungen

Schließlich wäre zu überlegen, ob eine spezielle Anlage für das Versicherungswesen hinzuzufügen ist. Insbesondere das IPA-Modell lebt von einer „entspannteren Haftungssituation“, um einer Blaming-Kultur bei Fehlern entgegenzuwirken; zur Unterstützung bietet sich eine alle Parteien absichernde Projektversicherung an. Im Rahmen von Projektversicherungen wäre es sinnvoll, für alle am Bau Beteiligten eine einheitliche Regelung zu finden, damit auch gleichzeitig geprüft werden kann, inwieweit die selbst bereitgestellte Bauleistungsversicherung, Berufshaftpflichtversicherung etc. zum Tragen kommen würde. Näheres zu Projektversicherung unter Kapitel 4.12.

Aufgrund der Besonderheiten der IPA-Methodik sollten Organigramme sowohl für die verschiedenen Gremien als auch der Arbeitsabläufe angefügt werden. Es folgen Beispiele hierfür.

2.5.4 Vertragsanbahnung

Bei Betrachtung der Vertragsanbahnung eines IPA-Projektes muss unterschieden werden zwischen einerseits (Kapitel 2.5.4.1) Vertragsanbahnung bei privaten Auftraggebern, da hier weniger Reglements zu beachten und mehr Freiheiten zu diskutieren sind, und andererseits (Kapitel 2.5.4.2) Anbahnung eines IPA-Projektes durch öffentliche Auftragsvergabe. Die Vergabe von öffentlichen Aufträgen ist durch die starren Schranken des Vergaberechts und häufig auch des Fördermittelrechts begrenzt, sodass hierbei andere Punkte zu beachten sind.

2.5.4.1 Vertragsanbahnung/AVA bei privaten Auftraggebern

Dem Grunde nach sind private Auftraggeber frei in der Ausgestaltung ihrer Angebotsverfahren, sofern sich nicht aus den konzerneigenen oder fördermittelrechtlichen Regeln Restriktionen ergeben. Um die bereits oben dargelegten Phasen eines IPR-Projektes gezielt einleiten zu können, bedarf es zunächst einer ordentlichen Bedarfsfeststellung und Beschreibung derjenigen Planungs- und Bauleistungen, die es zu beschaffen gilt. Die Bedarfsermittlung sollte sich an den Vorgaben der DIN 18205 orientieren, wobei dies jedoch in der Praxis – erst recht bei öffentlichen Auftraggebern – der Fall ist, wie sich bei den Diskussionen um die gesetzliche Einführung der Planungsphase 0 oder 1a zur Festlegung der Planungs- und Überwachungsziele bei der Einführung des § 650p Abs. 2 BGB zeigte (BT-Drs. 18/8486, S. 66 ff). Teil der Bedarfsplanung ist es, insbesondere Planungs- und Überwachungsziele festzulegen und den tatsächlichen Bedarf des Auftraggebers zu ermitteln. Auch wenn digitale Methoden hier schon die Möglichkeit bieten, früh auf geringen LOI/LOD-Tiefen mit ersten Modellen zu arbeiten, so geht es doch erst einmal um eine Ideensammlung. Ist die Bauidee einmal skizziert, muss der Auftraggeber die Rahmenbedingungen zur Ermittlung von den erforderlichen Qualitäten, Quantitäten, Terminen und Preisen definieren und welche Implikationen aus der Nutzungsphase ggf. für die Planungs- und Ausführungsphase mitgedacht werden sollten. Müssen beispielsweise die zu erzeugenden digitalen Gebäudemodelle (Wartungsmodell, Revisionsmodell, As-built-Modell) schon Anforderungen für ein bestehendes Liegenschaftsverwaltungssystem erfüllen oder gibt es Ankermieter, die mit Sonderwünschen in den Leistungsänderungsprozess während der Bauphase eingeplant werden müssen? Ist die Bedarfsanalyse einmal getätigt, dies ist bereits in einer ersten Stufe eines Planungsauftrags möglich, ist im zweiten Schritt die Feasibility-Studie oder Machbarkeitsstudie zu erstellen. Um die Befürchtung einer übermäßigen Werkerfolgshaftung zu minimieren, kann die Machbarkeitsstudie auch als ein Dienstleistungsauftrag vergeben werden. Eine solche Feasibility Study kann an eine Bauvoranfrage geknüpft sein und bspw. auch die bauplanungsrechtliche oder denkmalschutzrechtliche Zulässigkeit erfassen. Die Feasibilty Study ist so weit zu entwickeln, dass Festlegungen zur Festsetzung von Kostenrahmen, technischen Möglichkeiten und Zeitelementen und auch zur Frage von Verfügbarkeiten – besonders bedeutsam in Krisenzeiten – ermöglicht werden.

Basierend auf dem Entwurf, der Projektidee und der Feasibility Study ist die Zusammensetzung des Performing-Teams anhand der Erforderlichkeiten in Bezug insbesondere auf technische und methodische Eignung sowie Qualitätsmanagement zu skizieren. So ist zu prüfen, welche Bündelung von Planungs- und Ausführungsleistungen in welchen Gewerken sinnvoll ist, z. B. auch, ob Systemlösungen von einzelnen Herstellern beschafft werden können (z. B. HLS-System, ELT-System, Fassadensystem, Dachsystem, ein System für die komplette Gebäudehülle, bestehend aus Rohbau, Fenstern, Türen, Dach, Fassade und Dämmung). Welche (Fach-)Planer, Projektsteuerer, ausführende Gewerke und Hersteller sind in die Planungen einzubeziehen?

Gemessen an diesen Inhalten kann ein Planerauftrag – sofern die Planungsleistungen nicht an ein Konsortium übergeben werden – wie folgt aufgebaut werden:

- Stufe 1: Bedarfsanalyse
- Stufe 2: Feasibility Study/Machbarkeitsstudie
- Stufe 3: Entwurfsplanung und funktionale Ausschreibung
- Stufe 4: Betreuung der Vergabe mit den ersten Stufen für eine Ausführungsplanung und insbesondere Prüfung von Planungsoptionen
- Stufe 5: baubegleitende BIM-Koordination und Qualitätsüberwachung
- Stufe 6: Inbetriebnahme und Dokumentation.

Bewusst wird hier NICHT auf die Leistungsphasen der HOAI abgestellt, da diese im Rahmen einer integrierten Projektabwicklung nur zu Verwirrungen führen würden und nicht nur Grundleistungen erforderlich werden; auch läge es dann nahe, allein auf die Vergütungsstruktur der HOAI abzustellen, was wiederum zu Unzufriedenheiten führen kann. Zudem bedarf eine gut geführte und gecoachte IPAM keiner Ausführungsplanung (Leistungsphase 5) oder Objektüberwachung (Leistungsphase 8) mit allen Grundleistungen. Dagegen kommen diverse Besondere Leistungen hinzu (detaillierte Kapazitäten- und Terminplanung etc.).

Kennzeichnend für die intergierte Projektabwicklung ist, dass der Mehrwert des Fachwissens von ausführenden und zuliefernden Firmen für das Projekt gewonnen werden kann. Ein solcher Mehrwert liegt z. B. in der besonderen Produktkenntnis von zuliefernden Firmen oder der Validierung von Mengen und Maßen sowie der tiefen Sachkenntnis von Werk- und Montageplanung nebst detaillierter Terminplanung. Der große Vorteil einer integrierenden Herangehensweise besteht in der Einbeziehung der ausführenden bzw. zuliefernden Produktherstellerfirmen, die in die Ausführungsplanung einbezogen werden und so bereits mitdenken müssen, damit Bedenken gegen die Planung nicht erst in der Ausführungsphase zutage treten. Dass bereits Produkthersteller und ausführende Firmen mit ihrem spezifischen Know-how und bspw. Systemlösungen Eingang in die Planung finden, ist von wesentlicher Bedeutung, wenn das Building-Energie-Modelling und die Ziele nachhaltigen Bauens einzubinden sind und mit Blick auf Nachhaltigkeitselemente ein möglichst gutes CO_2-Footprint-Design erreicht werden soll. Dafür ist es unerlässlich, nicht die herkömmliche bauteilspezifische Planung zu verfolgen, sondern die Vor- und Nachteile von ganzen Fertigungsketten eruieren zu können. Dieses Know-how wird nur durch die Einbeziehung der ausführenden Firmen und der Produkthersteller erreicht. Es ist ihre Aufgabe, aufzudecken, mit welchen Vor- oder Nachteilen bereits die Fertigungsprozesse z. B. von vorgefertigten Bauteilen zu bewerten sind, welche Vorteile es in der Montage vor Ort gibt oder aber welche zusätzlichen Vorteile es in der Nutzungs- und Rückbauphase geben wird. Mit Blick auf den im Koalitionsvertrag der Ampel-Bundesregierung von 2021 vorgesehenen Gebäuderessourcenpass ist dies sinnvoll, weil damit auch festgelegt werden kann, welche Daten wann für die jeweils zu liefernden Bausysteme im digitalen Gebäudepass hinterlegt werden können und müssen. So ist es möglich, die im Rahmen der Baufinanzierungsphase erforderliche Nachhaltigkeitsbewertung eines Gebäudes zu erzeugen.

So muss anhand der Bauaufgabe die Gewerkeaufteilung so vollzogen werden, dass sinnvolle Planungs- und Ausführungspakete gebildet werden. So ist es zum Beispiel sinnvoll, für PV-Anlagen oder gar ganze HLS-Systeme mit regenerativen Energien oder aber für Fassaden nebst Unterkonstruktion, Halterungstechnik oder Aufzugsanlagen die Planung, Lieferung und Ausführung (ggf. auch Wartung) geschlossen zu vergeben, weil hier starke produktspezifische Auswirkungen vorliegen; für den Rohbau mit oder ohne Fertigteile ist es ebenfalls sinnvoll, die Leistungsverzeichnisse und produktspezifischen Planungen nebst Ausführung zu vergeben, weil die Firmen z. B. unterschiedliche Schalverfahren wählen oder die CO_2-Vorteile in Fertigung und Setzung auf der Baustelle anderweitig nur schwer aufgedeckt werden können.

Die Einbeziehung von zuliefernden und ausführenden Firmen in die Planungsphase erfordert es, Pre-Construction-Vertragslösungen mit den Produktherstellern oder führenden Firmen zu schließen. Die Pre-Construction-Verträge beziehen die Mitarbeit der Firmen in der Planungsphase ein. Jedoch ist dies nicht eine bloße Know-how-Hereingabe für den Optimalfall. In einer reduzierteren Variante wäre denkbar, dass die Ausführungsplanung ganz regulär bei den Planern liegt und die jeweils ausgesuchten Gewerke lediglich ihre Expertise dazugeben und an geeigneten Stellen hinterfragen, ob die Vorgaben für Qualitäten, Quantitäten und Termine unbedenklich sind. In einer detaillierteren Variante, die dem eigentlichen Gedanken der integrierten Projektabwicklung entspricht, ist die Pre-Construction-Phase durch eine Tandemplanung von Planern und ausführenden Gewerken und/oder Produktherstellern gekennzeichnet. Ziel der Tandemplanungs-Phase ist ein produktspezifisches Planungsmodell, das bereits recht detailliert ist und ein eindeutiges Leistungsverzeichnis erlaubt, welches durch die mitplanenden Produkthersteller und ausführenden Firmen miterstellt und bepreist ist und daher – optimal – nur noch anfällig für Planänderungen, nicht jedoch mehr für Planungslücken ist.

Den Rahmen hierfür bietet das Design-Costs-Verfahren. Den einzelnen Gewerken werden bestimmte, in der Machbarkeitsstudie ermittelte Kostenkontingente zugewiesen. Gegen diese müssen sie ihre Gewerke planen. Erst wenn die Planung im Kostenrahmen steht und auch nach der fachmännischen Prüfung durch die jeweiligen (Fach-)Planer bestätigt wurde, endet die Pre-Construction-Phase und die Firmen werden dann mit der Umsetzung des von ihnen selbst ermittelten Leistungsverzeichnisses (LV) beauftragt. Um den zuliefernden und ausführenden Firmen sowie dem Auftraggeber eine bessere Planungssicherheit zu geben, ist es denkbar, nicht einen Pre-Construction- und Construction-Vertrag in zwei losgelösten Verträgen anzubieten, sondern von vornherein einen Stufenvertrag auch für die ausführenden Firmen vorzusehen:

- Stufe 1: Pre-Construction-Leistungen (Planung, Mengenermittlung, Preisermittlung);
- Stufe 2: Construction-Leistungen;
- Stufe 3: Post-Construction-Leistungen (Inbetriebnahme, Probebetrieb und Wartung).

Nach Auffassung der Verfasser ist es erforderlich, bereits einen kostenpflichtigen Pre-Construction-Vertrag isoliert oder als Stufe einzuführen. Um es auch für den Bauherrn attraktiver zu machen, könnte, sofern nicht ohnehin ein Stufenauftrag erteilt wird, auch eine Kick-back-Regelung vorgesehen werden, sodass bspw. Planungskosten auf spätere Ausführungskosten mit angerechnet werden. Soll die Vertragsanbahnung jedoch weniger verbindlich ausfallen, könnte auch lediglich ein Letter of Intent (LoI) abgeschlossen werden, der eine Einbeziehung der Firmen in die Planungsphase beinhaltet. Dabei ist es elementar, zu beachten, dass zumindest im Fall der Nichtbeauftragung eine gewisse Kostenerstattung für die Planungsbeiträge läuft, da anderenfalls Firmen wahrscheinlich nur schwer motiviert werden können, ihr Know-how in die Phasen einzubringen.

Die Gründe für das Auslassen einer Folgestufe, also einer Stufe, die nicht ausgelöst wird, sind vertraglich ebenso zu definieren wie der Zeitraum, in dem die Firmen an die Konditionen für die Stufen gebunden sind. Ein Grund, die Stufe 2 nicht auszulösen, wäre z. B. die mangelnde Umsetzbarkeit.

Für die großen Wohnungsbaukonzerne und die Bauabteilungen größerer Unternehmen zur Umsetzung konzernweiter Projekte ist es von großem Interesse, diese integrierte Projektabwicklung auch weiter im Kontext von Rahmenverträgen zu betrachten. Werden bewährte Bausysteme bzw. Bauprodukthersteller und ausführende Firmen mit der Zeit elizitiert, so lohnt es sich, feste Rahmenvereinbarungen für die Planung und Ausführung zu etablieren.

Dies ist vor allen Dingen für die Idee des modularen und seriellen Planens und Bauens von großem Interesse. So könnten auf Lizenzbasis bereits komplette und abgeschlossene Planungs-BIM-Modelle beschafft werden (z. B. für ein fertiges Heizhaus, fertige Nasszellen, fertige Hotelzimmer), die zur Ausführung dann nur noch angepasst und auf viele Projekte vervielfältigt werden können (gegen ein angemessenes Lizenzgeld). Gerade größere Produktherstellerfirmen gehen dazu über, in ihren BIM-Service-Einheiten komplett fertige Systeme anzubieten. Auf bauordnungsrechtlicher Ebene sind, nachdem auch im Koalitionsvertrag der Ampel-Koalition von 2021 das Thema modulares und serielles Bauen für kostengünstiges und ressourcenschonendes Bauen als Leitthema benannt wurde, Musterbaugenehmigungen zu regeln, die dieses Element stützen. Ist ein solcher Rahmenvertrag einmal implementiert – bspw. lediglich über die Anpassung von Planungsmodulen – oder wird die Anpassung von Planungsmodulen als Leistungsinhalt vergeben, genauso wie die Beratung für Nutzungsthemen in der Planungsphase, können auch die zu übergebenden Daten für die jeweiligen Liegenschaftsdatenverwaltungssysteme der Besteller harmonisiert und entsprechend beim Produkthersteller vorgefertigt werden. Dies vereinfacht im Wesentlichen die weiteren Beschaffungselemente.

Zu beachten ist darüber hinaus: Anders als bei öffentlichen Ausschreibungen treffen die möglichen Perfomance-Mitglieder umfangreiche vorvertragliche Beratungspflichten, die auch den Grundsätzen der cupla in contrahendo (c.i.c.), der Haftung aus c.i.c. (§ 311 Abs. 2 i. V. m. § 280 Abs. 1 i. V. m. mit § 241 Abs. 2 BGB), folgen. Nach ständiger Rechtsprechung müssen Unternehmen aufgrund ihrer Fachexpertise im Vorfeld von Vertragsschlüssen auf die technischen (Un-)Möglichkeiten und ggf. die Nutzlosigkeit von Aufwendungen hinweisen. Zudem sind Unternehmen gut beraten, über ihre bisherigen Erfahrungen zu Kollaboration und IPAM ausführlich zu unterrichten. Wer zu viel verspricht, bleibt dennoch haftbar! Die bei öffentlichen Aufträgen geübte Praxis, erst nach dem Zuschlag auf Bedenken hinzuweisen, greift hier zu kurz. Vielmehr gehen solche Unterlassungen zulasten der Auftragnehmer.

2.5.4.2 IPA in der öffentlichen Auftragsvergabe

Öffentliche Auftraggeber sind umfänglich durch die Regelwerke des Vergaberechts (GWB, VgV, VOB/A, UvGO, LHO/BHO) sowie bei der Verwendung von Fördermitteln durch das Beihilferecht gebunden. Diese Bindung kann und soll auch nicht durch die Anwendung von IPAM aufgehoben werden. Vielmehr geht es darum, zu erkennen, wie innerhalb des geltenden Rechtsrahmens Leistungen für IPAM beschafft werden können. Denn bei schwerwiegenden Vergaberechtsverstößen, bspw. der Wahl des falschen Vergaberegimes oder des falschen Vergabeverfahrens oder der Ausschreibung ohne Vergabereife, droht die Rückforderung von Fördermitteln von 25 bis zu 100 %.

Betrachtet man den vergaberechtlichen Rahmen, so ist es von entscheidender Bedeutung, wie integrierte Projektabwicklung verstanden wird, nämlich (a) im Sinne einer Vergabe von Leistungen an ein einziges Performance-Team quasi eines Totalübernehmers, wobei von Anfang an ein Performance-Team als Bietergemeinschaft für ein Mehrparteienvertrag gesucht wird (in diesem Kontext stellt sich insbesondere die Frage des Primats der Losteilung), oder (b) im Sinne einer Vergabe mit einzeln zu vergebenden Gewerkepakten auf einer gemeinsamen Vertragsbasis in Einzelvertragssystemen (wie oben dargestellt).

Für beide Varianten gilt, dass solche Ausschreibungen erst getätigt werden dürfen, wenn Vergabereife eingetreten ist. Das heißt, der Auftraggeber muss sich darüber im Klaren sein, welche Leistung er (zumindest im Groben) für welchen Planungs- und Ausführungszeitraum in welchem Kostenrahmen beschaffen will und wie bzw. welchen Kriterien gemäß er das wirtschaftlichste Angebot ermitteln möchte. Dies setzt u. a. voraus, dass er das notwendige Personal bzw. die an dieses zu stellenden Anforderungen identifiziert und auch die Arbeitsweisen klar definiert hat; es ist ein vergabe- wie beihilferechtliches „Muss“, die zu beschaffende Leistung so zu veröffentlichen, dass Unternehmen für sich selbst beurteilen können, ob sie der Aufgabe gewachsen sind und eine reelle Chance auf den Zuschlag haben. Der öffentliche Auftraggeber muss die vertraglichen und technischen Bedingungen für einen Auftrag definieren können. Somit liegt auf der Hand, dass nicht nur die Plan- oder Bauaufgabe zumindest funktional beschrieben sein muss, sondern auch Auftraggeber-Informations- und -Lean-Anforderungen sowie die IPA-Bedingungen bekannt gemacht werden müssen. Die beschriebene Ausschreibungsweise steht nicht im Widerspruch zu § 2 EU Abs. 8 VOB/A, wonach öffentliche Auftraggeber erst ausschreiben sollen, wenn alle Vergabeunterlagen fertiggestellt sind. Die Anforderung darf nicht im Sinne einer überzogenen Planungstiefe verstanden werden. Die Vergabeunterlagen sind mit Blick auf die zu erbringende Leistung, die beschafft werden soll, zu erstellen. Im Rahmen der integrierten Projektabwicklung soll nicht nur eine Bauleistung, sondern zudem eine „Mitplanungsleistung“ der ausführenden und zuliefernden Firmen beschafft werden. Vor diesem Hintergrund ist vorzugsweise eine funktionale Ausschreibung geboten. Da es sich um eine weitgehend funktionale Ausschreibung handelt, die eine Planungsaufgabe auch auf die ausführenden Unternehmen überträgt und daher auch eine gewisse Offenheit des letztendlichen Bausolls beinhaltet, ist sowohl in der Leistungsbeschreibung als auch im Vertragswerk darauf zu achten, dass von Anfang an die Veränderungen des Leistungssolls sowie bestimmte Optionen der zu beauftragenden Stufen und Leistungen vorgesehen werden. Ist dies geschehen, so besteht auch kein vergaberechtliches Problem durch Änderung des Bausolls nach Zuschlagserteilung mit Blick auf § 132 GWB. Dies ist berechtigt, weil bei entsprechendem Vorgehen von Anfang an die Leistungen beim Beschaffungsprozess angelegt sind. Die Grenze ist jedoch dann überschritten, wenn sich der Gesamtcharakter der Ausschreibung bzw. des Bausolls verändert, weil damit gewissermaßen ein neuer Auftrag vorliegt, der auch neu auszuschreiben ist.

Zudem ergibt sich mit den beihilferechtlichen Anforderungen die Beschränkung, dass vor der Fördermittelbewilligung mit der Ausführung nicht begonnen werden darf – wohl aber mit der Planung. Hieraus leitet sich auch das Erfordernis der Stufenbeauftragung ab. Gemeinhin wird der Maßnahmenbeginn mit dem Abschluss von Liefer- oder Bauleistungen für den Bau definiert (vgl. OVG Sachsen, Urteil vom 05.08.2020 – 6 A 1165/17), was im Rahmen von Planungsleistungen insbesondere die Leistungsphasen 8 und 9 des jeweiligen Leistungsbildes und bei Bauverträgen den Zuschlag zur Ausführung betrifft. Somit ist der öffentliche Auftraggeber – zumindest bei geförderten Projekten – verpflichtet, die Aufträge für planende, zuliefernde und/oder ausführende Firmen so zu vergeben, dass zumindest zwei Stufen, nämlich einmal für Planung und einmal für Lieferung/Ausführung, abgebildet sind. Ist nämlich Stufe 2 so ausgebildet, dass der öffentliche Auftraggeber sie lediglich optional, also ohne Pflicht, abrufen kann, liegt in dem Vertragsschluss kein vorzeitiger Maßnahmenbeginn.

a) Vergabe von IPA-Leistungen als Mehrparteienvertragsprojekte

Ungeachtet dessen, dass es zahlreiche diskussionswürdige vertragsrechtliche Fragestellungen bei dem Mehrparteienvertrag gibt, die ausführende Firmen aus diversen Gründen abschrecken, sollte von vornherein klar sein, dass öffentliche Auftraggeber nie als „Teammitglied“ in eine flache Hierarchie eingebettet werden können. Allein aus haushaltsrechtlichen Gründen ist es geboten, dass der Auftraggeber einen Mehrparteienvertrag für ein Performance-Team ausschreibt und er seine vollständigen Weisungsrechte aus dem BGB- und VOB/B-System erhält.

Für die Wahl des Vergaberegimes und des Verfahrens kommt es zunächst drauf an, was den Schwerpunkt der Leistung eines Perfomance-Teams im Mehrparteienvertag bildet; angelehnt an die gängige Rechtsprechung für Totalübernehmer und Generalübernehmervergaben ist davon auszugehen, dass es sich um eine Bauvergabe nach VOB/B handelt. Allein für die Bedarfsermittlung, Machbarkeitsstudie und Erstellung einer (teil-)funktionalen Ausschreibung könnte zunächst ein Planerauftrag ausgeschrieben werden.

Zumindest im Oberschwellenbereich ist offensichtlich, dass wie für die Vergaben von Planungsleistungen nach § 76 VgV auch für die Bauleistungen nach § 3a EU Abs. 2 VOB/A ein Verhandlungsverfahren mit vorgeschaltetem Teilnahmewettbewerb zulässig ist, weil der Auftrag zumindest konzeptionelle Lösungen (§ 3a EU Abs. 2 lit. b VOB/A) umfasst und in Bezug auf den finanziellen und rechtlichen Rahmen nicht ohne Verhandlung vergeben werden kann (§ 3a EU Abs. 2 lit. c VOB/A), zumal Qualitäten und Quantitäten in der Regel nicht zum Zeitpunkt der Bekanntmachung feststehen werden. Alternativ kommen auch die in der Praxis weniger angewendeten Verfahren des wettbewerblichen Dialogs oder der Innovationspartnerschaft (§ 116 Abs. 6 und 7 GWB) in Betracht.

Im Endbericht Mustervertragsbedingungen für Mehrparteienverträge im öffentlichen Bauwesen bei Integrierter Projektabwicklung des Bundesinstituts für Bau-, Stadt- und Raumforschung (BBSR) im Bundesamt für Bauwesen und Raumordnung (BBR) von 2022 wird davon ausgegangen, dass aufgrund des Primats der Losverteilung (nach Teil- oder Fachlosen) gemäß § 97 Abs. 4 S. 1 GWB, das nicht ohne Weiteres überwunden werden könne, kein einheitliches Vergabeverfahren für ein Performance-Team mit Mehrparteienvertrag geführt werden könne, sondern vielmehr nach Teil- oder Fachlosen aufgeteilte parallele Vergabeverfahren geführt werden müssen, bei denen sicherzustellen ist, dass

> „... bei Zuschlagserteilung auf jedes einzelne Los die dem jeweiligen bilateralen Vertragsverhältnis zugrunde liegenden vertraglichen Regelungen identisch sind. [...] Nur dann, wenn alle Vergaben auf Basis identischer vertraglicher Regelungen erfolgen, können die einzelnen Auftragnehmer zu einem einvernehmlichen Abschluss des Allianzvertrages verpflichtet werden. Im Rahmen der vorformulierten Angebotsschreiben der einzelnen Bieter muss hierfür eine Regelung vorgesehen werden, wonach sich die Bieter mit Angebotsabgabe dazu bereit erklären, dass sie nach Zuschlagserteilung mit den übrigen, von der Auftraggeberin ausgewählten Allianzpartnern den ihrem Angebot zugrunde liegenden Mehrparteienvertrag abschließen. Wird eine entsprechende Erklärung nicht abgegeben, ist das Angebot nicht bedingungskonform und damit auszuschließen. Erfolgt nach Zuschlagserteilung keine Bestätigung des Allianzvertrages gegenüber allen Partnern, stellt das Unterlassen der Bestätigung der Gesamtallianz eine Pflichtverletzung dar, die zur Kündigung aus wichtigem Grund durch die Auftraggeberin führt. Auch dies ist in dem Angebotsvor-

> druck vorzugeben. Da ein einheitlicher Vertrag zwischen den Allianzpartnern abgeschlossen werden muss, muss dieser Vertrag in jedem einzelnen Vergabeverfahren vor Abgabe der jeweils finalen Angebote in einer einheitlichen Fassung vorliegen. Dies wird dadurch erreicht, dass alle losweisen Vergabeverfahren weitestgehend parallel durchgeführt und in diesen der vorgeschlagene Allianzvertrag entsprechend verhandelt und einem einheitlichen Endergebnis zugeführt wird. Möglich ist auch, dass bei einer gestaffelten Vergabe der Vertrag zwar verhandelt wird, erst jedoch ab dem Zeitpunkt, ab welchem der Vertragsinhalt für den ersten zu erteilenden Zuschlag feststehen muss, nicht mehr weiter verhandelt und in dieser Form auch in die nachfolgenden Vergabeverfahren als entsprechende Grundlage eingebracht wird. Beide Varianten setzen jedoch voraus, dass das Vertragswerk der Auftraggeberin möglichst wenig Fragen offen lässt und somit nur einen geringen Verhandlungsbedarf eröffnet“ (BBSR, Endbericht 2022, S. 58 ff).

Zusammengefasst bedeutet dies, dass im Rahmen der Einzellosvergabe ein Vorvertrag geschlossen wird (denn es ist ein bindendes wirtschaftliches Angebot abzugeben, das durch einseitige Zuschlagserklärung des ausschreibenden Auftraggebers angenommen wird) und im Anschluss daran von allen ermittelten Vertragspartnern der eigentliche Mehrparteienvertrag geschlossen werden soll; anders wäre dies auch nicht möglich, da andernfalls die Pflicht zum geheimen Wettbewerb verletzt würde. Das Verhandlungsverfahren setzt voraus, dass auch wirklich verhandelt wird. Eine Verhandlung über Vertragselemente selbst würde das System mit Blick auf den Mehrparteienvertag jedoch zumindest dann ad absurdum führen, wenn Verhandlungen zum Vertrag erlaubt würden, weil eine Verhandlung mit einem Bieter auch zu Änderungen gegenüber den anderen Bietern führen würde. Diese Variante ist also ausgeschlossen. Folglich müsste für diese Variante auf ein beschränktes oder offenes Vergabeverfahren ausgewichen werden oder zumindest die Verhandlung nur auf den Inhalt der Leistung und möglicherweise auf die Vergütungsanteile beschränkt werden.

Ungeachtet dessen ist es sinnvoll, ein Verfahren zu wählen, in dem vorab ein Teilnahmewettbewerb betrieben wird. Der Teilnahmewettbewerb dient der Überprüfung der Eignung von Bietern. Mit seiner Hilfe wäre es möglich, bspw. die IPA-Fähigkeit, also insbesondere die Fähigkeit zur Kollaboration, Teamarbeit und Transparenz, mit einem Assessmentverfahren zu prüfen, ebenso wie die BIM-Fähigkeiten.

Diese Praxis zeigt jedoch zugleich ein Dilemma auf. Denn gleichsam über die Hintertür soll ein neues komplexes Vergabemodell etabliert werden, ohne dass die neuen Vertragsmodelle verhandelt werden können. Wenn es tatsächlich nichts zum Verhandeln gibt und z. B. auch vom Auftraggeber die Vergütung derart festgelegt würde, dass ein Wettbewerb (neben Planungs-/oder Qualitätssicherungskonzepten) nur über die Preiszuschläge oder auch Lohnstundensätze erfolgt oder sogar die Vergütungselemente vom Auftraggeber mit fixen Zuschlägen vorgegeben sind (z. B. der jeweilige Auftragnehmer erhält die Einkaufspreise/Selbstkosten + x % AGK + x % BGK + x & WuG), wäre vielmehr eine beschränkte Ausschreibung mit Teilnahmewettbewerb geboten. Hiermit ist auch belegt, dass es ungenügend ist, die Aufgabe einer effizienten Vergabe allein vom Vertragsmodell her zu denken und nicht von den gewünschten Inhalten.

Würde für eine Ausschreibung vorausgesetzt, dass sich nur Bietergemeinschaften bewerben sollen, die gleichsam bereits selbst das Perfomance-Team bilden, wäre auch eine Vergabe ohne Losbildung denkbar. Eine Vergabe ohne Losteilung wäre möglich, wenn aus technischen Gründen bei einer getrennten Vergabe der Auftraggeber dem Risiko ausgesetzt wäre, nicht zusammenpassende Teilleistungen zu erhalten (vgl. OLG Koblenz, Beschluss v. 04.04.2012, 1 Verg 2/11). Dies wird regelmäßig bei funktionalen Leistungsbeschreibungen angenommen. Doch bedürfen diese als Ausnahmefall der gesonderten Begründung. Eine solche könnte wohl regelmäßig mit Erfolg geführt werden, indem auf die Notwendigkeit der Planung und Ausführung aus einer Hand aus hinreichenden technisch-wirtschaftlichen Gründen (§ 97 Abs. 4 S. 3 GWB) verwiesen wird, die in der Regel bei der nun häufiger auftretenden Bauaufgabe gegeben sein sollte, eine nach CO_2-Footprint optimierte, nachhaltige Immobilie zu entwickeln, was nur mit produktspezifischen Planungen erreicht werden kann. Allerdings steht die Frage im Raum, ob im Fall eines Mehrparteienvertrags überhaupt eine solche Diskussion zu führen ist, denn die Losbildung ist dem Mittelstandsschutz geschuldet; sofern jedoch die Beteiligung an einem Mehrparteienvertrag ausgeschrieben wird, liegt auf der Hand, dass sich auch mittelständische Unternehmen als eine dieser Parteien bewerben können. Insofern könnte man auch argumentieren, dass ein solches Verfahren gerade dem Zweck des § 97 Abs. 4 GWB dient. Denn es sind mehrere Parteien erforderlich. Sollte jedoch solch ein Modell gewählt werden, unterliegt der Auftraggeber einem Rechtfertigungsdruck, warum herkömmliche Generalübernehmer unter Einsatz von Subunternehmern von solch einem Wettbewerb ausgeschlossen sein sollen.

Summa summarum ist der Auftraggeber in seinem Leistungsbestimmungsrecht frei. Doch die eben aufgezeigten Punkte machen deutlich, dass er sich sehr verrenken muss, um einen Mehrparteienvertrag unterzubringen, verbunden mit der Frage, ob er zuschlagsfähige Angebote erhält. Somit drängt sich erneut die Frage auf, warum man sich nicht mehr auf die Kernmechanismen der IPAM konzentriert und das Vergabeverfahren auf das eigentliche Ziel eines nachhaltigen und effizienten Bauprojektes richtet.

b) Vergabe von IPA-Leistungen mit Einzelverträgen bzw. Losen

Wie bereits eben aufgezeigt, wird im Endbericht des BBSR [BBSR, Endbericht 2022, S. 58 ff) nunmehr empfohlen, IPA-Leistungen mit Ziel eines Mehrparteienvertrages in Einzellosen zu vergeben. Das heißt, alle Bieter in allen Losen sollen sich im Vergabeverfahren verpflichten, im Falle des Zuschlags nachträglich einen Mehrparteienvertrag zu zeichnen.

Nach Auffassung der Autoren kann jedoch genauso gut eine Vergabekonzeption angewendet werden, in der Fachlose auf der Grundlage funktionaler Leistungsbeschreibungen ausgeschrieben werden auf der Basis:

- eines Einzelvertrages mit Leistungsstufen (siehe Kapitel 2.5.2),
- mit BVB für BIM-Leistungen und AIA,
- mit BVB für Lean-Construction-Leistungen und ALA,
- mit BVB für Konfliktlösungsmaßnahen und/oder
- BVB für die Arbeitsweise eines IPAM (z. B. zur Preisermittlung).

In solchen Fällen kann dann auch problemlos ein Verhandlungsverfahren nach Teilnahmewettbewerb geführt werden, wobei die BVB nicht verhandelbar sind, da diese für alle Perfomance-Team-Mitglieder verbindlich sind. Öffentliche Auftraggeber würden also für alle Baubeteiligten, gleich ob planende, zuliefernde oder ausführende Gewerke, Einzelverträge ausschreiben und bspw. lediglich die Elemente der BIM-Methodik, der IPA-Methodik, der Lean-Management-Methodik und der Streitschlichtung sowie sonstige technische besondere Vertragsbedingungswerke für alle am Bau Beteiligten identisch regeln. Dieser Weg ist von vornherein für die Verfahrensartwahl problemlos möglich. Es wäre sogar denkbar, dass nach § 76 VgV für die Planenden und nach § 3a EU Abs. 2 Nr. 1c VOB/A Verhandlungsverfahren mit Teilnahmewettbewerb für die einzelnen Gewerke durchgeführt werden und zudem Verhandlungen über die einzelnen Vertragswerke geführt werden. Der Zwang bzw. Aufwand für parallele Vergabeverfahren mit dem Ziel, einen Mehrparteienvertag zu realisieren, wäre obsolet.

Somit kann nun die wichtigere Frage geklärt werden, die schon im Rahmen einer Feasibility Study zu prüfen wäre, nämlich welche Fachlospakete auszuschreiben sind, z. B. für die BIM-Gesamtkoordination, die Fachkoordination bzw. Fach(vor-/entwurfs-)planung und Angebotsprüfung und -baubegleitung, die Baulogistik, die Planung und Lieferung (bspw. PV-Anlagen, Halterungstechnik, Betonfertigteile) oder Planung und Bau (z. B. Fassaden, Rohbau) oder auch die Planung, Bau und Wartung (z. B. Aufzugsanlagen, HLS-Systeme, MSR, Dachaufbauten). Die Losvergaben können dem Zeitplan entsprechend gemeinsam oder versetzt erfolgen.

c) Allgemeine Vergabethemen

Neben diesen wichtigen Fragen der Vergabekonzeption in Bezug auf Verfahrenswahl und Losbildung sind auch folgende Punkte gut zu bedenken:

- Eignungskriterien
- Zuschlagskriterien

a) Eignungskriterien

Die in einem Teilnahmewettbewerb zu prüfenden Eignungskriterien sind insbesondere bei IPA-Projekten darauf abzustellen, dass die jeweils planenden, zuliefernden und ausführenden Unternehmen für ein entsprechendes IPAM geeignet sind. Die Rarität von IPA-Projekten in der derzeitigen Wirtschaftslage wird es kaum erlauben, Referenzprojekte im IPA-Modell abverlangen können. Bereits bei den ersten Entscheidungen zur BIM-Methodik hat sich gezeigt, dass auch dort die Referenzabfrage von Full-BIM-Projekten als zu marktverengend gewertet wurde (vgl. VK Westfalen, Beschluss vom 07.03.2019 – VK 1-4/19).

Ein angemessenes Eignungskriterium kann darin bestehen, im Rahmen des Teilnahmewettbewerbs eine Art Assessment-Center für die IPA-/Teamfähigkeit und für positive Fehlerkultur durchzuführen. Hierbei ist wichtig, dass mit einem maßgeschneiderten Assessment-Center ein vergleichbares Ergebnis für alle Bewerber erreicht werden kann. Bei solchen Assessment-Centern ist auch darauf zu achten, dass die jeweiligen teilnehmenden Personen dann auch verbindlich für das jeweilige Projekt zugesagt werden, anderenfalls hätte ein Assessment-Center im Rahmen eines Teilnahmewettbewerbs keinen Sinn. Geprüft werden müssten also diverse Fähigkeiten für interdisziplinäres Arbeiten sowie die verschiedenen Aufgaben im IPA-Management-Team bzw. Senior-Management-Team und Gesellschafterrat.

Dies können Aufgaben zur Problemlösung, Nachtragsverhandlung, Lean Management oder BIM-Methodik sein. Um diesen Weg einzuschlagen, sind Zeit und Aufwand hierfür einzuplanen.

Hat man einmal ein Assessment-Center durchgeführt und annehmbare Ergebnisse erzielt, so bedeutet dies selbstverständlich für die fortlaufenden Projekte nicht, dass damit alles geregelt ist. Diese IPA-Methode ist insbesondere eine personenbezogene Methode und Frage der gelebten Projektkultur. Es gilt, die passenden Personen zu identifizieren, die bereit sind, an einem einheitlichen Strang zu ziehen. Vor diesem Hintergrund ist darauf zu achten, dass die Auswechslungsrechte für die jeweiligen Projektleiter seitens des Auftraggebers bestehen.

b) Zuschlagskriterien

Nach Auffassung der Verfasser ist es wenig zielführend, das Thema der Teamfähigkeit als Zuschlagskriterium zu bewerten, zumal es auch nicht selten zu Wechseln im Projektteam kommen wird.

- **Konzepte**

Dagegen kann auf die seit Langem bewährten Möglichkeiten zurückgegriffen werden, Konzepte für die Planung und Qualitätssicherung während der Planungs- oder Bauphase oder auch ein Personaleinsatzkonzept als Zuschlagskriterium bekannt zu geben. Geht man diesen Weg, erhält der Auftraggeber Konzepte, die zugleich Vertragsbestandteil werden, da sie Teil des Angebots sind. Zu beachten sind lediglich die in der Rechtsprechung sehr ausdifferenziert diskutierten Kriterien für die Zulässigkeit solcher Zuschlagswertungen. Jedoch sollte hierbei kein zu großes Augenmerk auf die methodischen Ansätze gelegt werden, da sich diese durch Teambuilding- und sonstige IPA-Prozesse stark verändern und durch die IPAM-Vorgaben bereits divers vorbestimmt sind. Wichtiger dagegen sind nachhaltige und nach Funktionalitäten ausgerichtete Leistungsbeschreibungen und der Zuschlag für die besten Lösungen im Hinblick auf die Lebenszyklusanalysen.

- **Planungen**

Ein Schritt weitergedacht wäre es möglich, den Zuschlag auf Teilplanungen für die jeweils ausgeschriebenen Fachlose zu vergeben, die auf die Ergebnisse der Feasibility Study und der jeweils bekanntgemachten funktionalen Leistungsbeschreibung gründen. Für diese Option wären Mindestkriterien und Bewertungskriterien zu entwickeln. So könnte zum Beispiel gemessen an dem Zielkostenrahmen die günstigste oder aber die CO_2-optimierteste Ausführung bezuschlagt werden. Voraussetzung dafür wäre, dass die Modelle zur Angebotserstellung veröffentlicht werden, die Planung ähnlich wie im Planungswettbewerb vergütet wird und Fachplaner für die Prüfung der Angebote zur Verfügung stehen. Dies ist mit Sicherheit eine aufwendige Methode. Daher wäre zu erwägen, diese ausschließlich für die Schlüsselgewerke bzw. die wichtigsten Fachlose zu tätigen. Wird dieser Weg gewählt, bekäme man bereits recht validierte Angebote mit stabileren Preisen.

Insbesondere mit Blick auf die Nachhaltigkeitsziele von EU, Bund, Ländern und Kommunen sowie die Umsetzung der Taxonomieverordnung von Konzernen ist es von entscheidender Bedeutung, die Baubeschaffung weg von den bauteilbezogenen und rein preisbezogenen Ausschreibungen hin zu funktions- und lebenszykluskostenorientierten Ausschreibungen zu lenken. Hierfür ist es wiederum erforderlich, dass insbesondere Nebenangebote, Planungs-, Wartungs- und Rücknahmeprozesse in die Zuschlagskriterien einbezogen werden.

– **Preis**

Ein weiteres Zuschlagskriterium können wie stets die Vergütung oder Vergütungsteile sein.

Zunächst ist die Frage zu stellen, ob der Preis ein taugliches Zuschlagskriterium ist. Dies hängt auch vom Vertrag ab.

Nach einem Teil der Kommentare handelt es sich, je nach vertraglicher Ausgestaltung, bei dem Mehrparteienvertrag um einen modifizierten Selbstkostenerstattungsvertrag. Modifiziert ist er, weil er die Selbstkosten nach oben durch die Zielkostenvorgabe des Auftraggebers begrenzt und mit zunehmenden Selbstkosten die Zuschläge für AGK und Wagnis und Gewinn sinken (BBSR, Endbericht 2022, S.62 f). Da die Kosten für den Bau noch nicht ermittelbar sind, weil die Bauaufgabe erst noch zu planen ist, kann der Preis für die Bauleistung ebenfalls nicht als Zuschlagskriterium gewählt werden. Die sonstigen (Einkaufs-)Preise werden im Open-Book-Verfahren im konkreten Planungsprozess produktspezifisch ermittelt. Vollkommen konsistent scheint jedoch auch dies nicht, da das Risiko eines gänzlich unvorhersehbaren Wagnisses besteht. Voraussetzung für jegliche Ausschreibung ist, dass die Vergabereife besteht und daher auch eine Bedarfs- und Machbarkeitsanalyse vorab in den Raum gestellt wird. Diese muss auch sämtlichen Bietern zur Verfügung gestellt werden, allein schon um deren fachliche Eignung prüfen zu können. Inhalt der Bedarfs- und Machbarkeitsstudie müssen aber auch Kostenansätze für die jeweiligen Gewerke sein, denn die Vergabereife ist nur gegeben, wenn der Auftraggeber die Finanzierung gesichert hat und den Auftragswert zuverlässig geschätzt hat; beides setzt eine gewisse Tiefe der gewerkeweisen Kostenschätzung voraus. Anhand einer solchen Bedarfs- und Machbarkeitsanalyse wird also offenbar, mit welchen ungefähren Kostenkontingenten die ausführenden Firmen in den jeweiligen Gewerken rechnen und ihre Honorare generieren können. Das heißt, die ungefähren Volumina für die Planungs- und Bauverträge werden offenbar, wie es für die Einschätzung der wirtschaftlichen Sinnhaftigkeit und die Teilnahme am Projekt erforderlich ist.

Was in jedem Fall als preisbezogenes Zuschlagskriterium herangezogen werden kann, ist die für Planungsleistungen anzusetzende Vergütung (gleich ob nach Stundensätzen oder als HOAI/AHO-Pauschalen) oder aber die prozentualen Zuschläge für AGK und Wagnis und Gewinn. Zusätzlich könnten auch Lohnstundensätze bei den ausführenden Firmen als Zuschlagskriterium angesetzt werden. Denn es mag zwar noch nicht die Quantität der Arbeitsleistungen planbar sein; die Qualitäten für das einzusetzende Personal sind jedoch in der Regel bereits ermittelbar.

Folgt man dem hiesigen Vorschlag, die Verträge in Stufen zu vergeben, so kann der Auftraggeber für den Planungsprozess auch in Anlehnung an die Honorarparameter der HOAI/AHO Vorgaben bekanntmachen, die zumindest eine Honorarermittlung für die Grundleistungen bzw. für die den Grundleistungen ähnlichen Planungsleistungen ermöglichen. In Ansehung der Tatsache, dass zuweilen auch nur Teile der Grundleistungskataloge abgefordert werden, könnte der Auftraggeber die Pauschalen analog zu den Siemon-Tabellen oder ähnlichen Hilfsmitteln weiter konkretisieren oder gar bis zu einer Festpreisausschreibung spezifizieren.

Entgegen der weit verbreiteten Praxis sollte zudem dazu übergegangen werden, Nebenangebote zuzulassen. Dies geht zugleich mit der Beauftragung der Besonderen Leistungen für die Planer einher und da jedoch gilt, das wirtschaftlichste Angebot mit Blick auf die Lebenszyklusbetrachtung zu erhalten, müssen Nebenangebote zugelassen werden.

2.5.4.3 Angebots-IPA durch Auftragnehmer

Gänzlich anders ist die Lage zu behandeln, wenn vorgreiflich für ein bestimmtes Projekt oder für eine Vielzahl von Projekten seitens der Auftragnehmer ein „Konsortium“ gebildet wird, um in einem eingespielten Performance-Team integrierte Projektabwicklung anzubieten. Solche Zusammenschlüsse können sich in verschiedenen Varianten einen Weg zur integrierten Projektabwicklung suchen, so über erweiterte ARGE-Verträge, Allianzverträge oder Mehrparteienverträge.

Firmen, die einen solchen Weg gehen möchten, sollten bereits zu Beginn ein Konzept für die Vergütung, Gewährleistung, Haftung und Unstimmigkeiten erstellen. Dies bedarf einer Vertrauensbasis, zu der sich alle beteiligten Unternehmen committen müssen. Schließlich müssen sie ein Stück weit ihre Bücher offenlegen. Auf dieser Basis ist ein Verständnis zu den anfallenden Selbstkosten und den üblichen AGK, BGK und WuG-Zuschlägen etc. notwendig.

Wie auch bei den übrigen Modellen ist es angeraten, Multi-Risk-Versicherungen (siehe hierzu Kapitel 4.12) für die Mitglieder des Perfomance-Teams projektbezogen abzuschließen, um so bereits einen erheblichen Druck aus der Haftung herauszunehmen. Das Geld für eine solche Versicherung ist in jedem Fall gut investiert, sofern dadurch ein partnerschaftlicheres Zusammenarbeiten gewährleistet werden kann. Möchte ein Unternehmen solche Konsortien bilden, sollte es sich überlegen, mit welchen Schlüsselgewerkpartnern es zusammenarbeiten möchte und welche Fachplaner dafür benötigt werden. So ist es z. B. denkbar, dass Super-Totalübernehmer oder Super-Generalübernehmer gebildet werden, die in der Gesamtheit alles anbieten, ebenso dass sich allein bzgl. spezieller Gewerke solche Teil-Generalübernehmer zusammenschließen, wie z. B. für HLS und ELT oder für die Gebäudehülle; sie können aus Produktherstellern, ausführenden Firmen und Planenden bestehen, um ein vollständiges Gewerk mit weitergehenden Leistungen, bspw. auch in den Betrieb hinein, anzubieten.

Taktisch gesehen sollte es zunächst sinnvoller sein, innerhalb bestimmter Fachrichtungen Zusammenschlüsse zu erzielen, als von Anfang an den Super-Übernehmer bilden zu wollen, da die verschiedenen Disziplinen u. U. zu Abstimmungsproblemen führen könnten. Dies bedeutet kommunikative Hürden, die für das Einstudieren neuer Arbeitsweisen hinderlich sein könnten. Schließlich geht es auch darum, zunächst in kleinen Projekten zu prüfen, wie die Zusammenarbeit funktioniert, bevor dies bei höherer Komplexität versucht wird.

3 IPA-Bausteine

3.1 Einleitung

In diesem Kapitel werden die wesentlichen IPA-Bausteine dargestellt. In den letzten Jahren hat die Digitalisierung Möglichkeiten eröffnet, in frühsten Planungsphasen die Fachmodelle von zuliefernden und ausführenden Firmen, auch bei gewerkeweiser Vergabe, in Gesamtkoordinierungsmodelle einzufügen und mit einer Clash Detection auf Passgenauigkeit zu prüfen. Dies macht BIM zu einem unverzichtbaren Teil für ein gelungenes IPA-Projekt. Die Basis für Kollaboration bildet die Methodik des Lean Construction Managements, da hier, getrieben von den Lean-Prinzipien, die Bauabläufe stärker vom Ziel her und nicht mehr als ein linear-iterativer Prozess gedacht werden, wie es etwa die Nummerierung der Leistungsphasen der HOAI suggerieren. Auch die Möglichkeit einer kollaborativ und lösungsorientiert (Best for Project) erarbeiteten Konfliktlösung ist ein wesentlicher Baustein. Diese Bausteine werden kursorisch im Folgenden dargestellt.

3.2 Die BIM-Methodik

Durch die Einführung von Building Information Modeling (BIM) sowohl projektspezifisch als auch in ganzen Unternehmungen wurde in der Baubranche ein weitreichender Veränderungsprozess angestoßen.

Im Kontext der integrierten Projektabwicklung kann Building Information Modeling als ein Hilfsmittel, eine Methode, angesehen werden, um die Informationsasymmetrien zwischen den Projektbeteiligten so gering wie möglich zu halten.

3.2.1 BIM-Definitionen

Mit neuen Methoden werden auch immer neue Begriffe und Definitionen in die Fachwelt eingeführt. Deren einheitliche Verwendung und frühzeitige Etablierung tragen zum besseren Verständnis bei und beugen Missverständnissen durch unterschiedliche Interpretation von neuen Fachbegriffen vor.

Die folgenden Begriffe stehen im Einklang mit der VDI-Richtlinie 2552 Blatt 2 (Entwurf) – Begriffe und der DIN EN ISO 19650 – Organisation und Digitalisierung von Informationen zu Bauwerken und Ingenieurleistungen.

Um einen ersten Einstieg in die Methode zu erhalten, werden folgend Definitionen für Building Information Modeling aus unterschiedlichen Quellen betrachtet.

Building Information Modeling (BIM) ist eine

> „Methodik zur Planung, zur Ausführung und zum Betrieb von Bauwerken mit einem kollaborativen Ansatz auf Grundlage eines digitalen Bauwerks-Informations-Modells zur gemeinschaftlichen Nutzung“ [VDI 2552 Blatt 2: 2022-08]
>
> „Building Information Modeling bezeichnet eine kooperative Arbeitsmethodik, mit der auf der Grundlage digitaler Modelle eines Bauwerks die für seinen Lebenszyklus relevanten Informationen und Daten konsistent erfasst, verwaltet und in einer transparenten Kommunikation zwischen den Beteiligten ausgetauscht oder für die weitere Bearbeitung übergeben werden.“ [Bundesministerium für Verkehr und digitale Infrastruktur, 2015, S. 4]
>
> „Building Information Modeling liefert digitale Unterstützung für den Prozess der Errichtung und des Betriebs von Bauwerken. Sie bringt Technologie, Prozessverbesserungen und digitale Informationen zusammen, um Kunden- und Projektergebnisse sowie den Betrieb von Bauwerken drastisch zu verbessern. BIM ist ein strategischer Faktor für die Verbesserung der Entscheidungsfindung bei Bauwerken und öffentlichen Infrastruktureinrichtungen während des ganzen Lebenszyklus.“ [EU BIM Taskgroup, 2018, S. 4]

Die aufgeführten Definitionen sollen verdeutlichen, dass es keine allgemeingültige Definition für BIM als Methode gibt. Somit sind die landläufigen Aussagen „Wir machen ein BIM-Projekt“ kritisch zu hinterfragen.

Um den Kern der BIM–Methode für IPA-Projekte auf einen Punkt zu bringen, kann man die genannten Definitionen auf den kleinsten gemeinsamen Nenner herunterbrechen:

- kooperative phasenübergreifende Arbeitsweise,
- digitale Datenmodelle und
- konsistentes Datenmanagement.

In der Praxis finden viele neue Begriffe im Zusammenhang mit BIM Anwendung. Für ein einheitliches Verständnis der Fachtermini im weiteren Buchverlauf werden nachfolgend einige zentrale Begriffe erläutert. Die folgenden Definitionen stammen aus der VDI 2552 Blatt 2:2022-08, ergänzt um erklärende Kommentare.

3.2.2 Organisatorische Begriffe

Auftraggeber-Informations-Anforderungen (AIA)

Anforderungen des Auftraggebers an die Informationslieferungen des Auftragnehmers unter Berücksichtigung der definierten BIM-Ziele und BIM-Anwendungen.

BIM-Abwicklungsplan (BAP)

Dokument, das die Grundlage einer BIM-basierten Zusammenarbeit im Projekt beschreibt. Der BIM-Abwicklungsplan legt die Ziele, die organisatorischen Strukturen und die Verantwortlichkeiten fest, stellt den Rahmen für die BIM-Leistungen und definiert die Prozesse sowie Austauschanforderungen der einzelnen Beteiligten.

BIM-Anwendungsfall (BIM Use-Cases)

Durchführung eines spezifischen Prozesses oder eines Arbeitsschritts unter Anwendung der BIM-Methodik, z. B. die Ableitung von Plänen, Kostenberechnung, Simulation.

BIM-Ziel

Das BIM-Ziel ist ein definiertes Ergebnis, das mittels eines Prozesses unter Anwendung der BIM-Methodik innerhalb einer Organisation oder eines Projekts erreicht werden soll.

Gemeinsame Datenumgebung (Kollaborationsplattform, Common Data Environment, CDE)

Die Gemeinsame Datenumgebung ist ein zentrales System zur Organisation, Sammlung, Auswertung, Koordination, Archivierung und Bereitstellung von digitalen Daten für alle Projektbeteiligten.

Modellierungsrichtlinie

Das sind definierte Regeln zur Erstellung von Modellen beispielsweise mit Angaben zu Bauteilen, Bauteilkategorien und Bauwerksstruktur.

3.2.3 Technische Begriffe

Attributierung

Auszeichnung von Modellelementen mit weiteren Informationen in Form eines Namens und eines dazugehörigen Werts.

Kollaborationsplattform (Common Data Environment, CDE)

Die Kollaborationsplattform ist zentrales System zur Organisation, Sammlung, Auswertung, Koordination, Archivierung und Bereitstellung von digitalen Daten für alle Projektbeteiligten.

BCF (BIM-Collaboration-Format)

BCF ist ein offenes Dateiformat basierend auf XML, das die Koordination in BIM-Prozessen unterstützt.

Fertigstellungsgrad (Level of Development)

Dies ist der Ausarbeitungsgrad der fachspezifischen Bauwerksmodelle in einer bestimmten Projektphase, eng mit ihm verbunden ist die Freigabe der BIM-Anwendungen.

Level of Geometry (geometrischer Detaillierungsgrad)

Das ist der Detaillierungsgrad der geometrischen Modellelemente in fachspezifischen Bauwerksmodellen.

Level of Information (alphanumerischer Detaillierungsgrad)

Damit wird der Grad der Attributierung der Modellelemente in fachspezifischen Bauwerksmodellen bezeichnet.

Industry Foundation Classes (IFC)

IFC ist ein herstellerunabhängiges, offenes Datenmodell (Datenaustauschformat) zum Austausch von modellbasierten Daten und Informationen in allen Planungs-, Ausführungs- und Bewirtschaftungsphasen.

Koordinationsmodell

Als Koordinationsmodell wird ein digitales Modell, das aus mehreren Fach- und/oder Teilmodellen zum Zweck der Abstimmung zusammengefügt wird, bezeichnet. Das Koordinationsmodell dient der Abstimmung der beteiligten Planer, Gewerke bzw. Disziplinen und insbesondere der Kollisionsprüfung und Gesamtsicht.

Model View Definition (MVD)

MVD ist eine von Computern lesbare Definition einer Datenaustauschanforderung, ausdrücklich gebunden an ein oder mehrere Standarddatenformate.

3.2.4 Grundlagen und Methodik

3.2.4.1 BIM-Anwendungsfälle im Überblick

Die Einsatzmöglichkeiten der BIM-Methode hinsichtlich Art und Umfang sind vielfältig. Durch die Anwendung der BIM-Methode streben die Projektbeteiligten an die Projektziele effektiver und effizienter umzusetzen. Dazu spezifiziert der Auftraggeber üblicherweise seine Anforderungen durch die Auftraggeber-Informations-Anforderungen (AIA) und formuliert die daraus entstandenen BIM-Ziele. Der Zusammenhang zwischen den Projektzielen, BIM-Zielen und BIM-Anwendungsfällen kann der folgenden **Tabelle 1** aus der VDI 2552-10 entnommen werden.

Tabelle 1: Beispiel für Projektziele, BIM-Ziele und BIM-Anwendungsfälle

Übergeordnete Projektziele	BIM-Ziele	BIM-Anwendungsfälle
Einbeziehung der Öffentlichkeit	Verbessertes Verständnis der Planung in der Öffentlichkeit	Modellbasierte Visualisierung und Kommunikation
		Virtual Reality/ Augmented Reality
Optimierte Planung	Kollisionsfreie Planung	Modellbasierte Kollisionsprüfung
		Visuelle Modellprüfung
		Teilautomatisierte Modellprüfung
Kostensicherheit	Verbesserte Mengenermittlung	Modellgestützte Mengenermittlung
Qualitätssicherung der Bauausführung	Verbesserter Soll-Ist-Abgleich	Modellbasiertes Mängelmanagement
		Modellgestützte Qualitätschecklisten
Konsistente Dokumentation	Optimierung der Dokumentations- und Revisionsunterlagen	Nutzung eines CDE
		Erstellen eines As-built-Modells
		Attribuierung gemäß der AIA

Zur genauen Beschreibung der BIM-Leistung, um die BIM-Ziele zu erfüllen, werden die Leistungen üblicherweise in BIM-Anwendungsfällen (BIM-AwF) spezifiziert. BIM-Anwendungsfälle ziehen immer spezifische Prozesse nach sich, die zur Durchführung des BIM-AwF erforderlich sind. Aus diesen spezifischen Prozessen resultieren die Informationsaustauschanforderungen (IAA), oft auch Exchange Requirements genannt, siehe Bild 3-1 [VDI/bS 2552-11.1 Entwurf].

Quelle: Eigene Darstellung, angelehnt an VDI/bS 2552-11.1

Bild 3-1: Komponenten des BIM-Projektablaufs

Zur standardisierten Beschreibung von Prozessen und Informationsaustauschanforderungen finden in der Praxis vermehrt Information Delivery Manuals (IDM – Handbuch der Informationslieferungen) Anwendung. Als Hilfestellung zur Entwicklung von IDM wurde die VDI/bS 2552 Blatt 11.1 Entwurf entwickelt. Darin werden die einzelnen Komponenten und Inhalte zur Beschreibung von Informationsaustauschanforderungen erläutert. Für die Anwendungsfälle „Schlitz- und Durchbruchsplanung" (Blatt 11.2), Schalungs- und Gerüstbau (Blatt 11.3) und Aufzugtechnik (Blatt 11.5) wurden bereits IDMs in Form einer VDI-Richtlinie veröffentlicht.

Einen Überblick über mögliche BIM-Anwendungsfälle wurde sowohl im Infrastrukturbau vom Forschungsprojekt BIM4INFRA (Bild 3-2) als auch im Hochbau vom Hauptverband der Deutschen Bauindustrie (Bild 3-3) veröffentlicht. Diese Sammlungen von Anwendungsfällen erheben keinen Anspruch auf Vollständigkeit, da die Wahl des BIM-Anwendungsfalls jeweils individuell auf das zu erreichende BIM-Ziel abgestimmt werden sollte.

Die Anwendungsfälle aus der Infrastruktur (Bild 3-2) wurden den Leistungsphasen der HOAI zeitlich zugeordnet [BIM4INFRA2020, 2019]. Hier zeigt sich auch der Unterschied zu den Anwendungsfällen der bauausführenden Unternehmen der Bauindustrie, die die zeitliche Einteilung an deren übliche Arbeitspraxis in fünf Phasen einteilen und zwischen die einzelnen Phasen jeweils einen Datenübergabezeitpunkt (Data Drop) legen [Hauptverband der Deutschen Bauindustrie HDB, 2019].

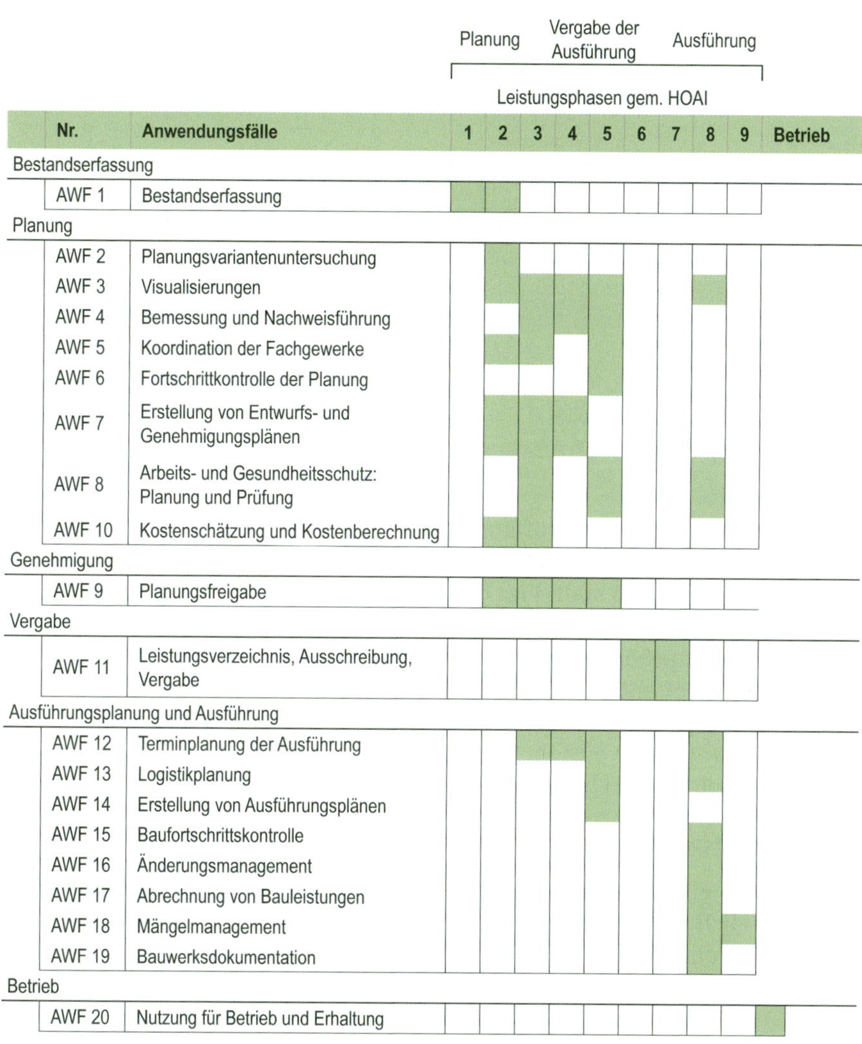

Quelle: BIM4INFRA2020 Handreichungen, Teil 6 Steckbriefe der wichtigsten BIM-Anwendungsfälle

Bild 3-2: Übersicht der BIM-Anwendungsfälle aus dem Projekt BIM4INFRA2020

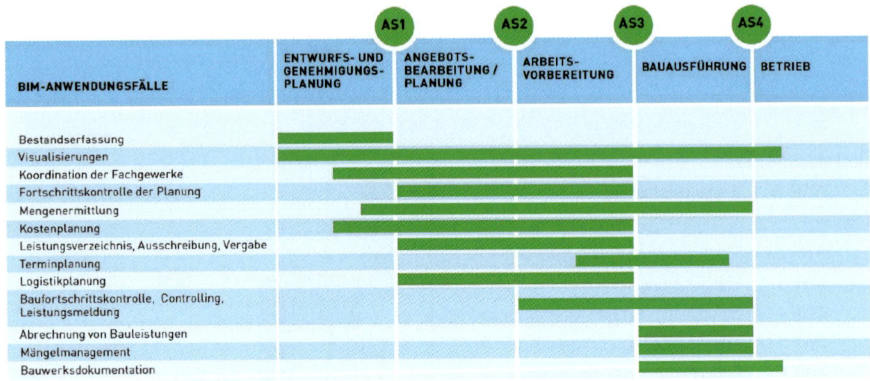

Quelle: HDB, BIM im Hochbau, 2019

Bild 3-3: Übersicht der BIM-Anwendungsfälle aus dem Hochbau

Neben den dargestellten Veröffentlichungen gibt es noch weitere Institutionen, die sich mit der Standardisierung von BIM-Anwendungsfällen befassen. Eine wichtige Plattform stellt hier das pränormative „Use Case Management" von buildingSMART dar. Aus der Plattform werden BIM-Anwendungsfälle über die gesamte Wertschöpfungskette des Planens und Bauens von Fachexperten definiert und veröffentlicht [buildingSMART UCM, 2021][3]. In den Beschreibungen von buildingSMART definieren die Experten, wer welche Informationen zu welchem Zeitpunkt in welchem Format und in welchem Detaillierungsgrad zur Verfügung stellt, um ein bestimmtes Ergebnis zu erreichen.

3.2.4.2 BIM-Reifegrade

Die Praxis zeigt, dass die BIM-Methode in jedem Unternehmen und Projekt unterschiedlich implementiert und durchgeführt wird. Um die divergierenden Fähigkeiten und Kenntnisse und den Grad der Implementierung messbar zu machen, wurde das Konzept der BIM-Reifegrade (BIM-Level, BIM-Umsetzungsniveau) entwickelt. Dieses Konzept findet auch international in Form der ISO 19650 Anwendung. Sowohl in der DIN EN ISO 19650-1 als auch in der VDI-Richtlinie 2552-1 (Bild 3-4) werden Leitungsniveaus definiert, um den Grad der Implementierung zu bewerten. Jedoch unterscheiden sich die Konzepte in ihren Unterscheidungsmerkmalen. Im Folgenden werden die BIM-Leistungsniveaus nach VDI 2552-1 dargestellt, die in der aktuellen Praxis einen hohen Anerkennungsgrad besitzen [VDI 2552-1].

3 https://ucm.buildingsmart.org/use-case-management

- Leistungsniveau 0: Kooperation auf Projektbasis mit individuellem, dateibasiertem Austausch von Geometrie ohne Prozessunterstützung
- Leistungsniveau 1: Kollaboration auf Projektbasis durch dateibasierte Interoperabilität von Geometrie mit standardisierten Prozessen
- Leistungsniveau 2: Kollaboration auf Projektbasis durch dateibasierte Interoperabilität von Geometrie und Daten mit standardisierten Prozessen
- Leistungsniveau 3: Integration auf Portfolio- und Organisationsbasis durch zentralisierte und strukturierte Datenhaltung

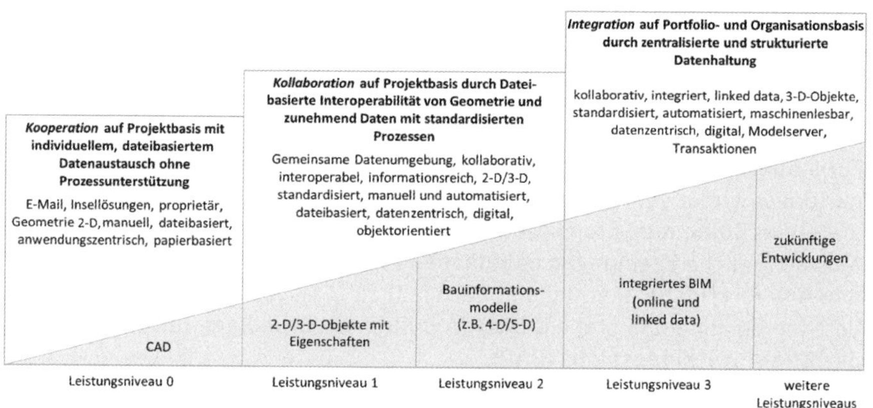

Quelle: VDI 2552-1

Bild 3-4: Übersicht der BIM-Leistungsniveaus nach VDI 2552-1

3.2.4.3 Auftraggeber-Informations-Anforderungen

Mit der Einführung der BIM-Methodik wurden auch neue Vertragsdokumente für die Projekte eingeführt, um die Rahmenbedingungen für den BIM-Projektablauf zu strukturieren. Die Auftraggeber-Informations-Anforderungen (AIA) beschreiben den Informationsbedarf des Auftraggebers unter Berücksichtigung der BIM-Ziele und BIM-Anwendungen. Im internationalen Sprachgebrauch und in der DIN EN ISO 19650-1 wird auch von Employer Information Requirements (EIR) gesprochen. Im Allgemeinen sind die AIA als Informationen zum festgelegten Zeitpunkt, in der festgelegten Qualität und Quantität zur gemeinschaftlichen Nutzung definiert [VDI 2552-10]. Die AIA bilden daher auch die Grundlage für die Auftragnehmer, um deren Leistung im Zusammenhang mit BIM bei einem Projekt realistisch einschätzen zu können und die dafür notwendigen Ressourcen bereitzustellen.

Struktur und Inhalte von AIA (gem. VDI 2552-10)

- Rahmenbedingungen
- Glossar
- Projektspezifika
- Ziele
- BIM-Anwendungsfälle
- Organisation, Rollen und Eignungskriterien
- Prozesse und Data Drops
- Technologie
- Daten und Informationen

Die AIA legen lediglich fest, welche Informationen wann, wie und in welcher Form übermittelt werden müssen, also das Ziel. Der Weg zur Informationsgenerierung wird nicht festgelegt. Das bedeutet, AIA sind stets methodenfrei zu erstellen. Sollte dies projektbedingt allerdings nicht gewollt sein, dann sollten vertragliche Regelungen dahingehend getroffen werden. In der Regel werden AIA Vertragsbestandteil und dürfen nicht in Widerspruch zu den anderen Vertragsdokumenten stehen. Die AIA bilden die Grundlage für die Erstellung des BIM-Abwicklungsplans (BAP).

3.2.4.4 BIM-Abwicklungsplan

Der BIM-Abwicklungsplan (BAP) (eng. BIM Execution Plan, BEP) ist die operative Arbeitsgrundlage der BIM-Methode im Projekt. Im BAP werden die Inhalte aus den Auftraggeber-Informations-Anforderungen durch den Auftragnehmer ausdefiniert und detailliert ausgeführt. Hierzu wird im BAP konkret dargelegt, wie die Informations-Anforderungen erfüllt werden, dazu gehört u. a. die Spezifikation der verwendeten Software- und Kommunikationstools [Mellenthin Filardo, Krischler, 2020].

Für die zeitliche Einordnung der BAP-Erstellung gibt es in der Praxis unterschiedliche Vorgehensweisen. So ist es möglich, die AIA als Dokument vor Vertragsschluss zu verabschieden und den BAP als Dokument, das nach Vertragsschluss fortgeschrieben wird. Häufig findet auch die Variante Anwendung, bei der bereits vor Vertragsschluss ein sogenannter Vor-BAP erstellt wird, um bereits in frühen Projektphasen einen gemeinsamen Projektfahrplan zwischen den Beteiligten zu erarbeiten. Dieser Vor-BAP wird nach Vertragsschluss im Gegensatz zu den AIA als BAP im Projektablauf fortgeschrieben. Zielführend ist es, die Struktur des BAP an die Struktur der AIA anzupassen.

Struktur und Inhalte von AIA (gem. VDI 2552-10)

- Rahmenbedingungen
- Projektspezifische Einleitung
- Projektziele
- Rollen und Verantwortlichkeiten
- Prozesse (z. B. BIM-Anwendungsfälle, Qualitätssicherung)
- Technologie (z. B. CDE, Software)
- Daten- und Informationslieferung

3.2.4.5 Der OpenBIM-Prozess

Wie aus den Definitionen zur BIM-Methode aus Kapitel 3.2.1 deutlich wurde, ist BIM im Kern eine kooperative Arbeitsmethodik über Leistungsphasen und Fachdisziplinen hinweg. Dies hat zur Folge, dass Informationen zwischen den Beteiligten mithilfe der Softwareanwendungen der einzelnen Beteiligten ausgetauscht werden müssen. Der Austauschprozess setzt voraus, dass die verwendeten Softwareanwendungen sowohl im Import als auch im Export ein neutrales, einheitliches, offenes Dateiformat für einen softwareunabhängigen Datenaustausch erzeugen bzw. einlesen können. Mit einem OpenBIM-Prozess ist es möglich, die BIM-Methode softwareherstellerneutral anzuwenden. Herstellerneutrale Datenformate wie zum Beispiel DWG und IFC stellen somit das Bindeglied zwischen den unterschiedlichen Projektbeteiligten und deren Software mit den entsprechenden Schnittstellen und den Plattformen dar.

Neben OpenBIM-Daten existieren natürlich weiterhin herstellerspezifische native Datenformate wie zum Beispiel RVT bei Revit-Projekten oder PLN bei ArchiCAD-Projekten. Wird bei Projekten nur mit Programmen eines Herstellers gearbeitet, spricht man von ClosedBIM-Projekten (Bild 3-5).

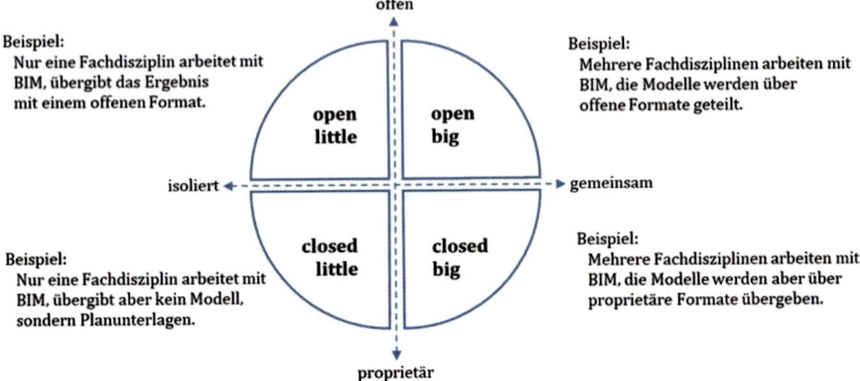

Quelle: Eigene Darstellung

Bild 3-5: BIM-Anwendungsformen im Projekt

Um den OpenBIM-Gedanken weiter zu fördern, wurde von buildingSMART im Laufe der Jahre eine Reihe von Standards (Tabelle 2) entwickelt, die den Informationsaustausch in BIM-Projekten unterstützen.

Tabelle 2: buildingSMART– OpenBIM-Standards

Name	Beschreibung	Standard
IFC (Industry Foundation Classes)	Transportiert Informationen/ Daten	ISO 16739
MVD (Model View Definition)	Übersetzt Prozesse in technische Anforderungen	buildingSMART, MVD
IDM (Information Delivery Manual)	Methode zur Prozessbeschreibung	ISO 29481-1, ISO 29481-2
IFD (International Framework for Dictionaries (implemented in the bSDD))	Zuordnung der Begriffe	ISO 12006-3
BCF (BIM Collaboration Format)	Datenschnittstelle zum Koordinationsaustausch	buildingSMART BCF

3.2.4.6 IFC-Datenaustausch

Um den softwareneutralen Datenaustausch in BIM-Projekten zu ermöglichen, wurde die standardisierte Schnittstelle „Industry Foundation Classes" von buildingSMART entwickelt und 1997 zum ersten Mal veröffentlicht. Die aktuelle Version ist IFC4 und wird in DIN EN ISO 16739:2017-04 beschrieben. Mithilfe von IFC können unterschiedliche Fachmodelle von unterschiedlichen BIM-Autoren zusammengeführt werden und gegeneinander geprüft werden.

Das IFC-Schema ist hierarchisch standardisiert aufgebaut und es werden sowohl geometrische als auch semantische Informationen übertragen (Bild 3-6). Über diese sogenannte Baumstruktur des IFC-Schemas lassen sich auch Abhängigkeiten zwischen den Objekten abbilden.

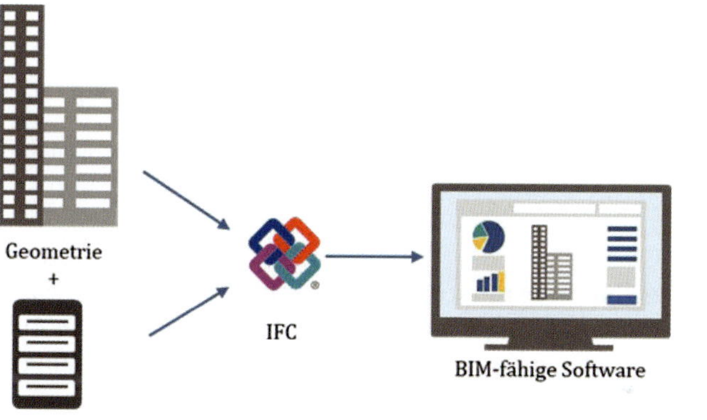

Quelle: Eigene Darstellung

Bild 3-6: IFC-Datenaustausch

IFC-Datenmodelle werden für viele BIM-Anwendungsfälle in der Praxis eingesetzt. Jedoch werden zur Durchführung der BIM-Anwendungsfälle nicht alle Informationen des Datenmodells benötigt. Hier ist es zweckmäßig, nur die für den Anwendungsfall benötigten Informationen zu exportieren und weiterzugeben.

3.2.4.7 Model View Definition (MVD)

IFC-Datenmodelle werden immer zu einem bestimmten Zweck ausgetauscht, zum Beispiel zum Zweck der Kollisionskontrolle oder Mengenermittlung. Für jeden Zweck werden jedoch unterschiedliche Daten benötigt, die immer wieder zusammengestellt werden müssen. Zum zweckgebundenen Datenaustausch wurde das Datenformat MVD (Model View Definition) eingeführt. Ziel einer MVD ist es, den Empfänger von Informationen nicht das ganze Modell, sondern nur die Teilmenge zu übermitteln. Eine MVD definiert eine genau bestimmte Teilmenge (Bild 3-7) des gesamten IFC-Schemas zur Umsetzung eines Datenaustauschszenarios. Möchte man zum Beispiel Modelldaten zum Zweck einer statischen Analyse exportieren, verwendet man die bereits vordefinierte „Structural Analysis-MVD“, um den Empfänger des Modells mit genau den Informationen zu versorgen, die für den Anwendungsfall benötigt werden.

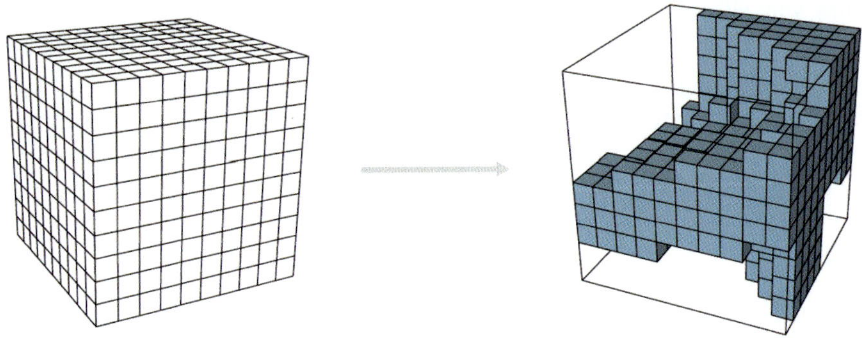

Quelle: Baldwin, M. (2018). Der BIM-Manager: Praktische Anleitung für das BIM-Projektmanagement

Bild 3-7: IFC und MVD

Durch den zunehmenden Datenaustausch via MVD wird auch die Liste der standardisierten MVDs immer umfangreicher. Eine vollständige aktuelle Auflistung der offiziellen MVD kann in der Datenbank von bulidingSMART[4] eingesehen werden.

3.2.4.8 BIM Collaboration Format (BCF)

Der oben beschriebene Datenaustauschprozess mit IFC ist ein linearer Prozess in eine Richtung (Einbahnstraße). Wenn es aber darum geht, Modellinformationen kollaborativ zu nutzen und z. B. festgestellte Probleme bei einer Qualitätskontrolle der Modelldaten oder bei Kollisionen nach einer Kollisionskontrolle zu kommunizieren, zeigt sich das IFC-Format als wenig hilfreich. Um den Kommunikationskreislauf zwischen Sendern und Empfängern in BIM-Prozessen effektiv zu schließen, wurde das BIM Collaboration Format (BCF) entwickelt. Eine BCF-Datei kann im übertragenen Sinn als ein Post-it auf einem Plan verstanden werden. Damit werden identifizierte Probleme, die z. B. durch eine Prüfsoftware wie Sofibri oder DESITE BIM festgestellt werden, an den BIM-Autor der Daten zurückgesendet und eine Änderung wird angefordert (Bild 3-8).

4 buildingSMART International (Hrsg.): MVD Database, https://technical.buildingsmart.org/standards/ifc/mvd/mvd-database/ (abgerufen am 23.01.2023).

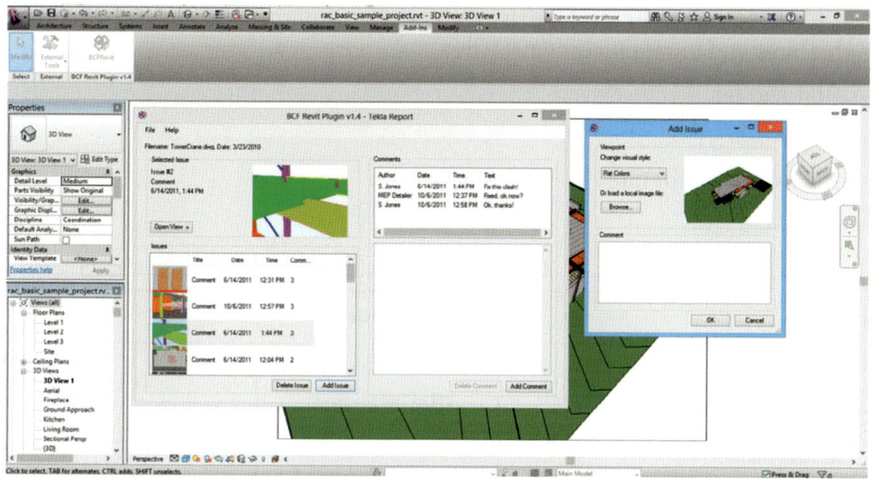

Quelle: Baldwin, M. (2018). Der BIM-Manager: Praktische Anleitung für das BIM-Projektmanagement

Bild 3-8: Projektkommunikation mit BCF

Jedes „BCF-Post-it" enthält folgende Informationen: Autor, Thema, Empfänger, Modellansichtspunkt, selektierte Elemente und die Perspektive. Durch die Projektkommunikation mit BCF-Daten werden Abstimmungsprozesse optimiert und transparent kommuniziert.

3.2.5 Rollen und Leistungsbilder

Mit der Einführung einer neuen Arbeitsweise gehen auch neue Rollen und ggf. auch neue Verantwortlichkeiten einher. Bei BIM-Rollen geht es oft darum, bestehenden Mitarbeitern zusätzliche Kompetenzbereiche zuzuordnen oder neue spezialisierte Mitarbeiter in bestehende Performance-Teams zu integrieren. Die in VDI 2552 definierten Rollen zu BIM-Projekten decken sich nicht mit der Beschreibung in DIN EN ISO 19650. In der DIN EN ISO 19650 werden keine Rollen definiert, sondern Informationsanforderungen und deren Lieferanten. Die in der deutschsprachigen BIM-Community etablierten Rollen wie z. B. BIM-Koordinator und BIM-Manager (Bild 3-9) werden in der DIN EN ISO 19650 nicht definiert; die verwendeten Begrifflichkeiten sind hier: Teams, Appointed Party, Actors und Clients.

Die VDI 2552 Richtlinienreihe ist dahingegen rollen- und prozessorientiert aufgebaut und unterscheidet zwischen

- BIM-Nutzer,
- BIM-Autor,
- BIM-Koordinator und
- BIM-Manager.

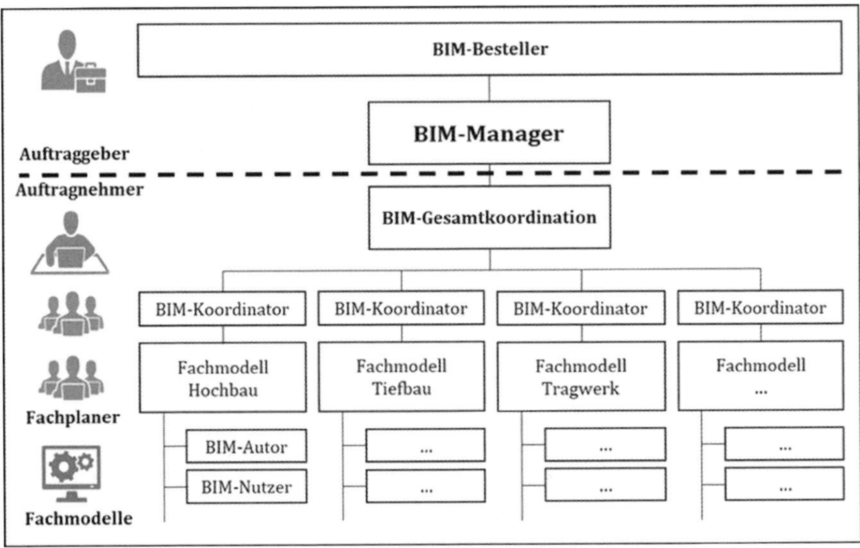

Quelle: Eigene Darstellung

Bild 3-9: BIM-Rollen im Projektorganigramm

3.2.5.1 BIM-Rollen gem. VDI 2552-2

Die VDI 2552-2 definiert die folgenden Rollen:

BIM-Nutzer (Informationsnutzer)

Der BIM-Nutzer ist ein „Projektmitglied, das das Datenmodell ausschließlich zur Informationsgewinnung nutzt und dem Modell keine Daten oder Informationen hinzufügt. Ein Informationsnutzer kann beispielsweise eine ausführende Person auf der Baustelle sein, der oder die anhand eines aus dem Modell abgeleiteten Schalungsplans die Schalung erstellt, jedoch keine Daten oder Informationen an das Modell anfügt."

BIM-Autor (Informationsautor)

BIM-Autoren sind Projektmitglieder, die „das Datenmodell über den Lebenszyklus eines Bauwerks in Abstimmung mit den Informationskoordinatoren bearbeiten. Sie ergänzen entsprechend der vertraglich vereinbarten Qualität und unter Berücksichtigung von BIM-Standards im Rahmen der BIM-Prozesse Informationen aus den unterschiedlichen Fachdisziplinen im Datenmodell. Ihnen obliegt die Datenhoheit über die von ihnen erstellten Fach- und Teilmodelle. Beispielsweise fungiert der Bauleiter ebenfalls als Informationsautor, indem er ein Protokoll einer Bewehrungsabnahme in der Ausführungsphase an das Datenmodell anfügt bzw. verlinkt. Gleiches gilt auch für den Facility-Manager, der in der Betreiberphase Änderungen am Datenmodell vornimmt."

BIM-Koordinator (Informationskoordinator)

Der BIM-Koordinator ist ein „Projektmitglied, das im Rahmen des Wertschöpfungsprozesses für die operative Umsetzung der BIM-Ziele eines Bauwerks verantwortlich ist. Er definiert und koordiniert Aufgaben und Zuständigkeiten auf Grundlage der BIM-Prozesse und BIM-Anwendungen und sichert die vertraglich vereinbarte Qualität des Datenmodells sowie den fehlerfreien Datenaustausch."

BIM-Manager (Informationsmanager)

Der BIM-Manager ist ein „Projektmitglied, das im Rahmen des Projektmanagementprozesses die Auftraggeber-Informations-Anforderungen verfasst und BIM-Ziele und Anwendungen definiert. Der BIM-Manager fordert regelmäßig die einzelnen Fach- und Teilmodelle der Informationsautoren ein und kontrolliert diese auf Qualität sowie die geforderte Informationstiefe. Anschließend setzt er die einzelnen Informationsautorenmodelle zu einem Gesamtbauwerksmodell zusammen und dokumentiert den Projektfortschritt." BIM-Manger sind die Ansprechpartner des BIM-Bestellers, z. B. des Auftraggebers.

Die genauen Aufgaben, Verantwortlichkeiten und Schnittstellen zwischen den dargestellten Rollen werden in den AIA gefordert und im BAP genauer definiert und vertraglich festgeschrieben.

3.2.6 Umsetzungsgrad in Deutschland

3.2.6.1 Normen und Richtlinien als Beitrag zu standardisierten Prozessen

Auf internationaler Ebene haben sich in unterschiedlichen Organisationsformen Standards für die BIM-Methode entwickelt. Diese sind länderspezifisch, branchenspezifisch oder produktspezifisch. Die seit August 2019 auf Deutsch verfügbaren DIN EN ISO 19650-1 und -2 basieren auf unterschiedlichen nationalen Normen wie z. B. der PAS 1192, die hier zusammengeführt wurden.

DIN EN ISO 19650 (alle Teile) – „Organisation und Digitalisierung von Informationen zu Bauwerken und Ingenieurleistungen, einschließlich Bauwerksinformationsmodellierung (BIM) – Informationsmanagement mit BIM" enthält Empfehlungen hinsichtlich der Organisation von Informationslieferungen für den gesamten Lebenszyklus baulicher Assets.

- Teil 1: Begriffe und Grundsätze (August 2019)
- Teil 2: Planungs-, Bau- und Inbetriebnahmephase (August 2019)
- Teil 3: Betriebsphase der Assets (März 2021)
- Teil 5: Spezifikation für Sicherheitsbelange von BIM, der digitalisierten Bauwerke und des smarten Assetmanagements (März 2021)

DIN EN ISO 16739:2021-11 „Industry Foundation Classes (IFC) für den Datenaustausch in der Bauindustrie und im Anlagenmanagement" definiert den Datenaustausch von Bauwerksinformationsmodellen zwischen verschiedenen Softwareanwendungen. Sie entspricht dem IFC4-Standard von buildingSMART.

DIN EN ISO 29481 „Bauwerksinformationsmodelle – Handbuch der Informationslieferungen"

- Teil 1: Methodik und Format
- Teil 2: Interaktionsframework

beschreibt die Methodik für die Beschreibung von Informationsanforderungen in Form von Information Delivery Manual (IDM).

DIN SPEC 91350 – „Verlinkter BIM-Datenaustausch von Bauwerksmodellen und Leistungsverzeichnissen" stellt ein Bindeglied zwischen Bauwerksmodellen und Leistungsverzeichnissen dar. Sie orientiert sich an dem üblichen standardisierten GAEB-Prozess.

DIN SPEC 91391 „Gemeinsame Datenumgebungen (CDE) für BIM-Projekte – Funktionen und offener Datenaustausch zwischen Plattformen unterschiedlicher Hersteller"

- Teil 1: Module und Funktionen einer Gemeinsamen Datenumgebung
- Teil 2: Offener Datenaustausch mit Gemeinsamen Datenumgebungen

beschreibt die funktionalen Anforderungen an eine gemeinsame Datenumgebung, auch Common Data Environment (CDE) genannt.

3.2.6.2 VDI-Richtlinienreihe 2552

Der Verein Deutscher Ingenieure (VDI) hat mit der Richtlinienreihe 2552 ein umfassendes Regelwerk zur modellbasierten Projektabwicklung veröffentlicht. Darin werden in den Unterblättern 1–7 grundsätzliche Vereinbarungen beschrieben und deren Begrifflichkeiten definiert (Bild 3-10).

Blatt	Titel	
Blatt 1:	„BIM – Grundlagen"	**Grundsätzliche Vereinbarungen**
Blatt 2:	„BIM – Begriffe"	
Blatt 3:	„BIM – Modellbasierte Mengenermittlung zur Kostenplanung, Terminplanung, Vergabe und Abrechnung"	
Blatt 4:	„BIM – Anforderungen an den Datenaustausch"	
Blatt 5:	„BIM – Datenmanagement"	
Blatt 7:	„BIM – Prozesse"	

Quelle: Eigene Darstellung

Bild 3-10: VDI-Richtlinie 2552 Blatt 1–7

Darüber hinaus setzt das Unterblatt 8.1 der VDI/BS-MT 2552 die Rahmenbedingungen für die Qualifikation von Mitarbeitern mit BIM-Basiskenntnissen. Weiterführende Richtlinien für „vertiefende Kenntnisse" die Blätter 8.2 und zu „Fertigkeiten" 8.3 komplettieren die Rahmenbedingungen für die Qualifikation (Bild 3-11).

Blatt	Titel	
Blatt 8.1:	„BIM – Qualifikationen – Basiskenntnisse"	**Qualifikation**
Blatt 8.2:	„BIM – Qualifikationen – Vertiefende Kenntnisse"	
Blatt 8.3:	„BIM – Qualifikationen – Fertigkeiten"	
Blatt 9:	„BIM – Klassifikationen"	**Praktische Umsetzung**
Blatt 10:	„BIM – Auftraggeber-Informationsanforderungen (AIA) und BIM-Abwicklungspläne (BAP)"	
Blatt 11.1:	„BIM – Informationsaustauschanforderungen zu BIM-Anwendungsfällen"	
Blatt 11.2:	„BIM – Schlitz- und Durchbruchsplanung"	
Blatt 11.3:	„BIM – Schalungs- und Gerüsttechnik (Ortbetonbauweisen)"	
Blatt 11.5:	„BIM – Aufzugstechnik"	
Blatt 12.1:	„BIM – Struktur zur Beschreibung von BIM-Anwendungsfällen	

Quelle: Eigene Darstellung

Bild 3-11: VDI-Richtlinie 2552 Blatt 8–11

Die Unterblätter ab 11.1 beschreiben konkrete Anwendungsfälle, da sich in der Praxis oft zeigt, dass die Informationsanforderungen nicht ausreichend beschrieben werden. Das in Blatt 11.1 erläuterte Konzept adaptiert existierende praktikable Methoden zur Definition des Informationsbedarfs (Exchange Requirements).

3.2.6.3 Nationale Leitfäden und Positionspapiere

Zusätzlich zu den neutralen Normungs- und Standardisierungsorganisationen ISO, CEN, DIN und VDI gibt es noch eine Vielzahl von Interessenverbänden, Berufsvereinigungen und Industrieverbänden, die sich zur Projektabwicklung mit der BIM-Methode positionieren. Eine vollständige Nennung ist hier wegen des Umfangs nicht möglich.

3.2.7 Rechtliche Rahmenbedingungen

3.2.7.1 Einleitung

Nach der gängigen Definition und nach dem BIM-Stufenplan sowie der VDI 2552 Blatt 1 ist Building Information Modeling lediglich eine Planungsmethodik und kein eigener Leistungserfolg. So kommt es bspw. für den Leistungserfolg, die Genehmigungsplanung oder Ausführungsplanung im Sinne der Leistungsphasen der HOAI nicht darauf an, wie dieser Leistungserfolg erbracht worden ist, sondern lediglich, dass er erbracht worden ist. So ist der Leistungserfolg für die Genehmigungsplanung (Leistungsphase 4) bspw. erfolgreich erbracht, wenn eine dauerhaft genehmigungsfähige Planung vorgelegt wird. Ob dies nun in einem BIM-Modell geschieht oder in 2-D-Plänen, ist zunächst nachrangig. Aufgrund der zusätzlichen Beschreibung des Werkerfolges, dass bspw. die Genehmigungsplanung in Gestalt eines bestimmten BIM-Modells erbracht werden muss, wird lediglich der Werkerfolg konkretisiert. Damit das BIM-Modell an sich als losgelöster Werkerfolg vertraglich definiert werden kann, bedarf es einer besonderen Bestimmung im Vertrag.

Diese Erkenntnis führt zu einer Grundproblematik bei der vertraglichen Erfassung von BIM-Leistungen: Das Werkvertragsrecht und somit auch die Abfassung von Bau-, Planer- und Projektsteuerungsverträgen sind von der sogenannten Methodenneutralität gekennzeichnet. Die Rechtsdogmatik schreibt vor, dass grundsätzlich der Werkerfolg zu beschreiben ist, der Weg zum Werkerfolg hin aber dem jeweiligen Auftragnehmer überlassen bleibt. Je mehr nun BIM-Leistungen definiert werden, bspw. auch durch die Kombination mit Lean-Methodiken, umso mehr wird in die eigentliche Risikosphäre und Kalkulationssphäre des Werkunternehmers eingegriffen. Vor diesem Hintergrund erklärt es sich auch, dass insbesondere durch die Abfassung von Auftraggeber-Informations-Anforderungen (AIA), vorläufiger BAP (Vor-BAP) und BIM-BVB die Anforderungen an die jeweilige Leistungserbringung mittels BIM eindeutig definiert werden müssen, da all diese Faktoren kalkulationsrelevant sind. Schließlich wird dem Auftragnehmer ein gewisses Verfahren der Leistungserbringung aufgezwungen.

3.2.7.2 Vertragstypübergreifende rechtliche Rahmenbedingungen für BIM-Leistungen

Gleich, ob ein Werkunternehmer als BIM-Autor oder ein Planer als Modellierer tätig wird, für alle am Bau Beteiligten sind im Rahmen von BIM-Projekten folgende Punkte von Relevanz:

Der Auftraggeber hat zu definieren, welche Informationsanforderungen er an die Baubeteiligten stellt und insbesondere welche BIM-Ziele und BIM-Use-Cases er mit der Beauftragung von BIM-Leistungen verfolgt. In dieser Zielausrichtung liegt ein wesentlicher Fokus, die BIM-Leistung auch werkvertragsorientiert auszugestalten. Zugleich hat der Auftraggeber zu definieren, in welcher Umgebung (Common Data Environment, CDE) und ggf. mit welchen Software-Tools und -Ansätzen (Open BIM, Closed BIM, Big oder Little BIM) und für welche Anwendungsfälle er BIM zum Einsatz bringen möchte. All dies gehört in die Auftraggeber-Informations-Anforderungen (AIA). Gemeinhin ist auch vorgesehen, dass bereits die verantwortlichen Rollenbilder für die BIM-Leistungen vorgegeben werden. Dies ersetzt jedoch nicht die Erfordernis, auch in den jeweiligen Leistungsbeschreibungen und Vertragswerken für Planer und ausführende Unternehmen die jeweilig zu erbringenden Leistungen aus den AIAs nochmals hervorzuheben, da die jeweiligen Leistungsbeschreibungen bepreist werden und bepreist werden müssen. Sind in den Leistungsbeschreibungen nicht die zu erbringenden und damit zu kalkulierenden Leistungen transparent beschrieben und in der Folge auch bepreist, kommt es zu Nachtragssachverhalten. Somit ist es wichtig – zur Vorbeugung von Nachtragsstreitigkeiten –, dass die BIM-Leistungen nicht allein in den AIA erfasst werden.

Es ist gemeinhin bekannt, dass es von elementarer Bedeutung ist, dass sich der Auftraggeber über die Leistungen im Klaren ist, die er bestellen möchte, und über die Ziele, die er mit BIM erreichen möchte, darüber, welche Grundvoraussetzungen er selbst mitbringt und wie ein BIM-Projekt aufgebaut werden muss. All dies ist bereits eine gewisse Bedarfsermittlung, die ggf. auch unter Zuhilfenahme von externen BIM-Managern, Planern bzw. Koordinatoren oder sonstigen BIM-Consultants erarbeitet werden muss. Werkvertraglich gesehen, würde dies unter die Bedarfsermittlung (Planungsphasen 0 oder 1A zu § 650 f Abs. 2 BGB i. V. m. den Besonderen Leistungen zu § 34 HOAI i. V. m. Anlage 10 bzw. § 54 HOAI i. V. m. Anlage 15) fallen.

Ebenfalls für alle am Bau Beteiligten und entsprechend auch für Ausschreibungsverfahren ist es angeraten, einen vorläufigen BIM-Ablaufplan beizufügen (Vor-BAP). Während die Auftraggeber-Informations-Anforderungen (AIA) gewissermaßen als statisches Dokument anzusehen sind, in denen zu Beginn einmalig die Informationsanforderungen definiert werden, wird der BIM-Ablaufplan (BAP) als dynamisches Instrument verstanden, welches durch die später beauftragten Auftragnehmer fortgeschrieben werden soll. Im BIM-Ablaufplan sollen insbesondere die verschiedenen Data-Drop-Szenarien und die tiefergehenden Prozessketten definiert und angepasst an die tatsächlichen Abläufe fortgeschrieben werden. Vergleichbar ist dieses Vorgehen mit einer Verfeinerung eines Rahmenterminplans hin zu einem Detailterminplan durch die jeweiligen Auftragnehmer. Da die derzeit am Markt üblichen BIM-Ablaufpläne jedoch häufig darüber hinausreichende Spezifikationen enthalten, die sich auf die Kalkulation der Auftragnehmer auswirken können (z. B. erhöhte Präsenzen durch Planungsbesprechungen, Kollisionsprüfungen), und weil der Aufbau und die Grundstruktur eines BIM-Ablaufplans von elementarer Bedeutung für den Auftraggeber zur Vermeidung von Unklarheiten oder Widersprüchlichkeiten sind, ist es angezeigt, einen vorläufigen BAP (Vor-BAP) vom Auftraggeber bspw. bei den Vertragsverhandlungen oder in der Ausschreibung mit einzuführen.

Als drittes wesentliches Dokument für alle am Bau Beteiligten werden die sogenannten BIM-BVB, die besonderen Vertragsleistungen für BIM-Leistungen, angesehen. Natürlich können diese auch in andere Dokumente integriert werden, jedenfalls ist der Block wie folgt zu erfassen:

Das Planervertragsrecht ist reines BGB-Vertragsrecht und kennt somit keine Mangelbeseitigungsrechte vor Abnahme. Zum Teil können BIM-Leistungen von Bauunternehmen auch nicht ohne Weiteres unter den Werkmangelbegriff der VOB subsummiert werden. Vielmehr ist davon auszugehen, dass eine umfängliche Übertragung von BIM-Leistungen auf ausführende Unternehmen nicht VOB-konform ist und daher zusätzlich das VOB-Privileg entfallen lässt (vgl. § 3 Abs. 6 VOB/B). Dies hat zur Konsequenz, dass hier das BGB Werkvertragsrecht Anwendung findet und damit Mängelrechte vor Abnahme grundsätzlich nicht gelten, es sei denn, sie werden vertraglich vereinbart. Um den Worst Case zu vermeiden, wenn bspw. BIM-Modelle oder einzelne BIM-Nachmodellierungen fehlerhaft sind und das jeweils beauftragte Unternehmen (z. B. das Werk- und Montagemodell des Auftragnehmers) nicht in der Lage ist, die Mängel rechtzeitig zu beheben, und dadurch erhebliche Bauverzögerungen drohen, ist es von wesentlicher Bedeutung, dass über Frist- und Nachfristsetzung auch die Möglichkeit eröffnet wird, die Ersatzvornahme oder Teilkündigung zu ermöglichen, so wie es das Gewährleistungssystem der VOB/B vor der Abnahme vorsieht. Dies muss dann jedoch vertraglich geregelt werden. Da die Frist- und Nachfristsetzung für alle am Bau Beteiligten gleichermaßen gelten soll, ist es zweckdienlich, dies in den besonderen Vertragsbedingungen für BIM-Leistungen für alle Beteiligten zu regeln.

Noch deutlicher wird der Gesamtcharakter der Besonderen Vertragsbedingungen für BIM-Leistungen, wenn man sich die üblichen Regelungsinhalte vergegenwärtigt. Diese sind nachweislich für alle BIM-Leistungserbringer von erheblicher Bedeutung:

- Bereitstellungsverpflichtung der Common Data Environment oder ggf. auch der eigentlichen BIM-Software,
- Formerfordernisse in der BIM-Kommunikation (z. B. Aufhebung des Schriftformerfordernisses aus der VOB über BCF-Kommunikation)
- Nutzungsrechte an Daten, insbesondere auch Produktdaten und Teilmodelle,
- Rangverhältnis der jeweiligen Modelle auch in Bezug auf ggf. auf der Baustelle genutzte und veränderte 2-D-Pläne,
- Versicherungsschutz

und – wie bereits diskutiert –

- Mängelrechte vor Abnahme für BIM-Leistungen.

Dieser exemplarischen Regelung ist bereits zu entnehmen, dass diese Punkte einheitlich für alle am Bau Beteiligten geregelt werden sollten. Vor diesem Hintergrund ist es sinnvoll, dies in einem gesonderten Block für Besondere Vertragsbedingungen oder gar als Besondere Vertragsbedingung für BIM-Leistungen als separates Dokument, das jeweils für mehrere Projekte verwendet werden kann, aufzusetzen.

3.2.7.3 BIM-Leistungen und Planerverträge

Am 1. Januar 2018 trat das Planervertragsrecht im BGB in Kraft. In § 650p BGB wird gesondert geregelt, was ein Planervertrag ist. Im Kern geht es darum, dass, ausgerichtet an den Planungs- und Überwachungszielen, die jeweiligen Leistungen, die der Planer zu erbringen hat, vertraglich in einer Leistungsbeschreibung definiert werden. Demgegenüber wird dann das vertraglich vereinbarte Honorar geregelt, wofür auf die HOAI zurückgegriffen werden kann, aber seit 2021 nicht mehr muss (vgl. § 7 HOAI 2021).

Mit der HOAI-Novelle 2021 i. V. m. der Tatsache, dass nun das Nachtragsrecht über § 650q i. V. m. § 650b und c BGB liberalisiert worden ist, ist eine Leistungsbeschreibung für BIM-Planungsleistungen erforderlich, welche zu bepreisen ist, bspw. durch Stunden- und Tagessätze oder Teilpauschalen. Denn die HOAI deckt die BIM-Leistungen nicht ab und wird diese voraussichtlich auch weiterhin nicht abdecken. BIM-Leistungen werden allein als Besondere Leistungen in der Leistungsphase 2 der Objektplanung (§ 34 HOAI i. V. m. Anlage 10) erwähnt. Dies liegt insbesondere daran, dass auch die HOAI als werkvertragsorientiertes Preisrecht methodenneutral ist, d. h., sie legt lediglich fest, welcher Prozentsatz vom errechneten Honorar für Grundleistungen zu entrichten ist, sobald ein bestimmtes Werkerfolgsniveau, z. B. Genehmigungsplanung oder Ausführungsplanung, erreicht ist. Hieraus ergibt sich, dass Grundleistungen prinzipiell, gleich mit welcher Methodik sie erbracht werden, mit den angegebenen Prozentsätzen vergütet sind, somit also auch, wenn sie mittels BIM-Methodik erbracht wurden. Die Formulierung der BIM-Anwendungsfälle und BIM-Ziele bringt es jedoch mit sich, dass vielfach tatsächlich Besondere Leistungen erforderlich werden (z. B. Erstellen von Bestandsplänen, detaillierte Terminpläne). Für die Besonderen Leistungen trifft die HOAI weder eine Preisaussage, die Preise sind frei verhandelbar, noch sind die Nachtragsregelungen der HOAI einschlägig – bspw. die Fortschreibung des Honorars auf der Fortentwicklung der anrechenbaren Kosten oder auf der Wiederholung von Grundleistungen (vgl. § 10 HOAI). Für das Abfordern der Besonderen Leistungen für BIM-Planungen greift eine Anordnung nach § 650b BGB mit der Folge, dass nach § 650c Abs. 2 BGB auch Planer künftig nachzuweisen haben, wie sich die Istkosten mit dem Ursprungsangebot und damit mit den Sollkosten mit Erbringung der Besonderen Leistung verhalten. Sie müssen hierzu die tatsächlich erforderlichen wirtschaftlichen Kosten zzgl. angemessener Zuschläge für Allgemeine Geschäftskosten und Wagnis und Gewinn ausweisen. Eine solche Kalkulation ist bislang für Planer sehr untypisch, wird aber künftig erforderlich werden, um Honoraransprüche ausreichend nachweisen zu können. Dies vorweggeschickt, ist es offensichtlich, dass es auch für Planerverträge einer dezidierten Leistungsbeschreibung für BIM-Leistungen bedarf.

Dies wird umso offensichtlicher, wenn man das Verhältnis von AIA und Leistungsbeschreibung untersucht. Auch hier wird deutlich, dass das Planervertragsrecht künftig in einer größeren Entsprechung zum Bauwerkvertragsrecht bzgl. der Auslegung von Leistungsbeschreibung und Preisangebot gedacht werden muss.

Entscheidet sich ein Auftraggeber, BIM während eines laufenden Projekts umzusetzen, so ist der Abforderung von entsprechenden Leistungen seitens der Auftragnehmer, gleich ob planende oder ausführende, eine saubere Analyse und Zeitplanung voranzustellen. Es liegt auf der Hand, dass es sich bei einer Abforderung von BIM-Leistungen im laufenden Projekt im Grunde um zusätzliche Leistungen handelt. Man könnte zwar grundsätzlich diskutieren, etwa mit Blick auf die Methodenneutralität des Werkvertragsrechts, dass BIM nicht den Werkerfolg verändert, da keine zusätzlichen Leistungen vorlägen. Jedoch wird durch die Abforderung von BIM-Leistungen der Grundsatz der Methodenneutralität gebrochen und regelrecht eine zusätzliche Beschaffenheitsvereinbarung für den Werkerfolg getroffen. Insofern liegt es auf der Hand, dass hier eine zusätzliche Leistung des § 650b Abs. 1 Nr. 2 BGB vorliegt. Mit dieser Einordnung ist folglich verbunden, dass eine Stillhaltefrist von 30 Tagen für die nachträglich abgeforderten BIM-Leistungen, binnen derer sich auf ein Honorar geeinigt werden soll, besteht. Kommt binnen dieser Frist keine Einigung zustande, kann der Auftraggeber in einfacher Textform die entsprechenden BIM-Leistungen abfordern und der Vergütungsstreit verlagert sich auf einen späteren Zeitpunkt. Jedoch können die ausführenden Gewerke 80 % der von ihnen angesetzten Vergütung bei Abschlagsrechnungen berücksichtigen lassen und im Zweifel gar eine einstweilige Verfügung nach § 650b BGB erwirken. Zur Ermittlung der Vergütungsfolge sieht § 650c BGB vor, dass in einem Istabgleich die tatsächlich erforderlichen Kosten geltend gemacht werden sollen, zzgl. eines angemessenen Zuschlags für Wagnis und Gewinn sowie der Allgemeinen Geschäftskosten. Alternativ könnten im Rahmen einer ordnungsgemäß hinterlegten Urkalkulation hier bereits Ansätze für diese Vergütungspositionen vorgesehen sein. Jedoch ist dies bei der planenden Zunft in der Regel nicht der Fall, da insbesondere bei Planeraufträgen häufig keine Urkalkulation abverlangt oder erstellt wird. Insofern gilt es also, bereits vor Abruf der Leistungen eine Vereinbarung zu Tages-, Stunden- oder Pauschalsätzen vorzubereiten und die Gespräche entsprechend einzuleiten.

Damit Vergütungsangebote verlässlich unterbreitet werden können, kommt es auf die konkrete Leistungsbeschreibung an. Bei der Integration von BIM-Leistungen in ein laufendes Projekt ist auf eine saubere Schnittstelle zu achten. So können bspw. einzelne Fachmodelle direkt für die Ausführungsplanung beauftragt werden, die dann von der Fachkoordination bzw. den Fachplanern nochmals gegengeprüft werden sollen. Würde jedoch während eines laufenden Projektes verlangt werden, dass auch die ersten Entwurfsmodelle nochmals erstellt werden, so wäre ggf. über eine Wiederholung einer Grundleistung i. S. des Nachtragsrechts nach HOAI nachzudenken.

Gemessen an den Erfordernissen der Einführung in ein laufendes Projekt besteht offenkundig die Notwendigkeit – noch mehr als bei Neuprojekten –, einzelne Anwendungsfälle mit den Anwendungszielen detailliert zu definieren und in das Projekt einzupflegen. Es spräche auch nichts dagegen, wenn bspw. nach Vergabe der Aufträge an ausführende Firmen diese damit beauftragt werden, Fachmodelle für die einzelnen Gewerke zu erstellen, die daraufhin durch einen Gesamtkoordinator in ein Gesamtmodell eingefügt werden. Wie bereits aus den Anfangszeiten der BIM-Entwicklungen bekannt, ist es z. T. durchaus sinnvoll, sich bei der Umsetzung zunächst auf einzelne Fachmodelle zu beziehen (z. B. HLS oder ELT). Die Fokussierung auf die Anwendungsfälle, die bspw. für die Steuerung der Baulogistik, die Vermarktung oder aber für die Steuerung des Gebäudebetriebs die besten Mehrwerte bieten, hat hier Vorrang.

Wird dieser Weg gewählt, muss den Parteien jedoch klar sein, dass zusätzliche Teilwerkerfolge definiert und insbesondere die Beschaffenheitsvereinbarungen erweitert werden. So würde die Übergabe bspw. der Werk- und Montage-, Revisions- und As-built-Planung als BIM-Modell eine weitere geschuldete Beschaffenheit bedeuten. Würde diese nicht in dem gewünschten Reifegrad erbracht, läge ein Mangel vor. Insofern kommt es auch aus ausführender Sicht darauf den, den Startpunkt klar zu definieren und auch eine Reifegradprüfung vorzusehen, zu welchem Zeitpunkt die gewünschten Werkerfolge vorliegen sollen. Die „Sachverständigen"-Abnahme für die Funktionalität der Modelle kann dann bspw. über den eingesetzten Gesamtkoordinator erfolgen. Summa summarum bleibt es also bei einer ähnlichen Vorgehensweise wie bei der Abforderung von BIM-Leistungen von Beginn an, es gilt:

- die saubere Schnittstellendefinition und Leistungsbeschreibung,
- die Einordnung dieser Leistungen in das werkvertragliche Gefüge, insbesondere mit Blick auf Einordnung als zusätzliche Grund- oder Besondere Leistung i. S. d. HOAI (respektive Wiederholung einer Grundleistung) oder aber Neben- oder Besondere Leistungen i. S. der jeweils geltenden VOB/C für die ausführenden Gewerke,
- die Regelung der Vergütung und auch der benötigten Zeiten und
- Abnahmeregularien/Reifegrade.

3.2.7.4 BIM-Leistungen und Bauverträge

Ähnlich wie für die Planer sind auch für die ausführenden Firmen das wichtigste Dokument zunächst die AIA. Aus diesen geht hervor, welche Verantwortlichkeiten und Anforderungen auch in Bezug auf die Bauverträge einzuhalten sind. Aus den AIA heraus sind dann die konkreten BIM-Leistungen für die Leistungsbeschreibung im jeweiligen Gewerk definiert (z. B. Erstellung modellbasiertes Aufmaß/Mengengerüst, detaillierte Termin- und Kostenmodelle, Baulogistikmodelle, Werk- und Montagemodelle, As-built-Modelle, Revisions- oder Wartungsmodelle). Im Abgleich mit diesen und der jeweiligen Leistungsbeschreibung müssen nun die bauausführenden Firmen prüfen, ob die von ihnen angebotenen Produkte auch entsprechend digital abbildbar sind. Denn zu der vertraglich vereinbarten Materialbeschaffenheit tritt nun auch die Beschaffenheitsvereinbarung einer digitalen Abbildbarkeit hinzu. Liegen die Produktdaten nicht in der notwendigen Detailtiefe vor, um bspw. eine Werk- und Montageplanung in LOD 500/550 abzubilden, muss sich das jeweilige ausführende Unternehmen Gedanken darüber machen, wie diese Lücke ausgefüllt wird, ansonsten liegt ggf. ein Mangel vor. Werden die digitalen Modelle von externen Partnern, bspw. Produktherstellern, übernommen, so sind diese auch im Rahmen einer Bedenken- und Hinweispflichtprüfung auf mögliche Unstimmigkeiten zu prüfen, jedoch nur soweit ihnen das nach eigener Fachkenntnis möglich ist.

Darüber hinaus muss auch bei der Leistungsbeschreibung darauf geachtet werden, dass die nach der jeweiligen DIN ATV VOB/C klassifizierten Besonderen Leistungen gesondert beschrieben werden. Aufgrund der Fachverbändearbeit haben sich hier die Meinungen vertieft, dass bspw. Werk- und Montageplanungen, so sie überhaupt geschuldet sind, in digitaler Form eine Besondere Leistung im Sinne der VOB/C darstellen und daher gesondert zu beschreiben und entsprechend auch gesondert zu vergüten sind. Ist dies nicht der Fall, kommen hier Nachträge in Betracht. Wurde sich auf modellbasierte Abrechnungen und Aufmaße verständigt, sind die jeweiligen Softwarevorgaben bzw. Modellierungsvorgaben zu prüfen: Bestehen Abweichungen zu Be- und Abrechnungsvorgaben in der jeweiligen DIN ATV VOB/C? Unklarheiten und Fehler gehen zulasten des Erstellers der entsprechenden Vorgaben.

Sofern das Modell der Tandemplanung verfolgt wird, besteht darüber hinaus die Möglichkeit, bereits die Zuarbeiten, also Werk- und Montageplanung mit produktspezifischen Inhalten, in die Planung zu integrieren. Werden diese jedoch erst im Nachhinein angefordert und würde sich bspw. daraufhin eine Ausführungsplanung als lückenhaft erweisen, wäre das ausführende Unternehmen gezwungen, nicht nur eine Werk- und Montageplanung zu liefern, sondern auch Fehler oder Lücken in der Ausführungsplanung zu bereinigen. Parallel ist zu prüfen, ob ein Planernachtrag nach § 2 Abs. 9 VOB/B geltend zu machen ist. Auch insofern ist genau zu prüfen und zu definieren, welche digitalen Inhalte die bauausführenden Firmen zu liefern haben.

Aus den Auftraggeber-Informations-Anforderungen (AIA) und der Leistungsbeschreibung geht hervor, dass das jeweilige Unternehmen seinen BIM-Ablaufplan (BAP) nach Vertragsbeginn ausstellen und dann fortschreiben muss. Zudem muss hier ggf. im Abgleich mit den Lean-Anforderungen die Terminplanung für Bauleistung und Datenlieferung koordiniert werden. Im Rahmen von Lean-Sitzungen oder aber auch der Gesamtkoordination hat dann der beauftragte Gesamtkoordinator die verschiedenen BIM-Ablaufpläne der unterschiedlichen Gewerke aufeinander abzustimmen und zu koordinieren. Aufgabe des ausführenden Unternehmens ist es, stets sicherzustellen, dass der BIM-Ablaufplan die tatsächlichen Bauabläufe abbildet, vergleichbar ist die Koordination von Detailterminplänen.

Besondere Anforderungen bspw. an Werk- und Montagemodelle, Revisionsmodelle oder Wartungsmodelle sind genau zu beschreiben und mit Preisen zu versehen. Die Regelungen (z. B. zu Mängeln am Modell, Formerfordernissen für Projektkommunikation) aus den BIM-BVB (siehe Kapitel 3.2.8.2) gelten entsprechend auch für die ausführenden Unternehmen.

Besonders herausfordernd kann die Einbindung von Subunternehmern in die BIM-Praxis werden, da es hier zu Medienbrüchen kommen kann.

3.3 Lean Construction

3.3.1 Lean Construction – Methode oder Philosophie?

Neben BIM hat sich Lean Construction in der Branche als eine der Säulen für eine prozessorientierte Projektabwicklung entwickelt. Während bei BIM der Fokus auf der Optimierung des Produktes (z. B. des Gebäudes) liegt, steht im Lean-Kontext der Prozess im Blickpunkt.

Bereits durch zahlreiche Studien ist belegt, dass der wertschöpfende Anteil der Arbeiten in der Bau- und Immobilienwirtschaft gering ist. So wird in einzelnen Studien der Anteil der wertschöpfenden Arbeit in der Bauausführung mit Werten zwischen ca. 9 % und 50 % bemessen [GLCI, 2018]. Hier setzten die Ziele des Lean Managements an: Verschwendung reduzieren und Wertstrom optimieren.

Lean Management bezeichnet die Ausrichtung eines Unternehmens an den Kundenbedürfnissen und Anforderungen über die gesamte Wertschöpfungskette, verbunden mit einer konsequenten Kostensenkung. Unter dem Begriff Lean Management werden auch Denkprinzipien, Methoden und Werkzeuge zur effizienten, verschwendungsfreien Gestaltung von Prozessen vereint.

Mehrere Randbedingungen haben in den vergangenen Jahren dazu geführt, Bauprozesse als Teil eines gesamten Produktionssystems „Baustelle“ zu betrachten.

Die Komplexität der Bauaufgabe hat sich in den letzten Jahrzehnten kontinuierlich erhöht, nicht zuletzt durch steigende behördliche Anforderungen sowohl an Produkte als auch an Prozesse.

Aufgrund der Rohstoffknappheit und der Lieferprobleme in den globalen Beschaffungsmärkten der Baustoffindustrie hat sich der ressourceneffiziente Einsatz von Baumaterialien zu einem entscheidenden Wettbewerbsfaktor entwickelt.

Der zu geringe Digitalisierungsgrad der Baubranche erfordert zu einem hohen Maß manuelle Tätigkeiten.

All diese Effekte haben zu einem sensiblen Bewusstsein für die Vermeidung von Verschwendung und zur Orientierung auf die Kundenbedürfnisse geführt, welche die Grundlage des Lean Managements sind.

Lean Management ist eine Managementmethode zur Optimierung von industriellen Prozessen, geht im Ursprung auf den japanischen Autohersteller Toyota zurück. Die Managementmethode kombiniert philosophische Ansätze, Methoden und Werkzeuge, um die gesamte Wertschöpfungskette der Organisation effektiv zu gestalten. Dabei ist es besonders wichtig, die Wertschöpfung von den nicht wertschöpfenden Prozessen zu trennen.

Mit Lean Construction als effektive Methode, um die Bauprozesse zu optimieren, ist der Schwerpunkt auf das Bauwesen gelegt. Seit den 1990er-Jahren werden die Ansätze aus dem Toyota Production System (TPS) auf die Baubranche adaptiert, indem man die Grundsätze (Bild 3-12) bauspezifisch anpasst.

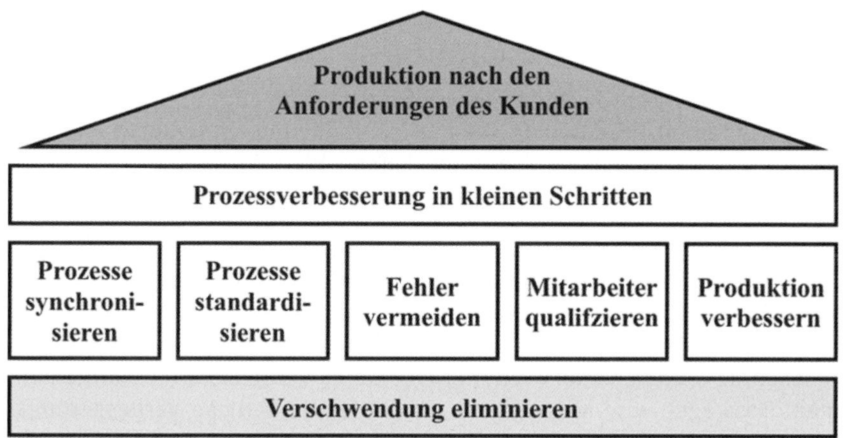

Quelle: In Anlehnung an Dahm & Brückner, 2014

Bild 3-12: Grundsätze des TPS

Dabei steht Lean Construction für weitaus mehr als die üblicherweise propagierten Methoden Taktplanung und Taktsteuerung und das Last Planner System®.

3.3.2 Begriffsdefinitionen

Folgende Begriffsdefinitionen sollen den Einstieg in die Begriffswelt des Lean Construction Managements erleichtern.

a) Lean Management

Unter Lean Management versteht man einen ganzheitlichen Ansatz der kontinuierlichen Prozessoptimierung. Es umfasst die effiziente Gestaltung der gesamten Wertschöpfungskette. Mithilfe verschiedener Denkprinzipien, Methoden und Verfahrensweisen werden folgende Ziele verfolgt:

- Entwickeln eines ganzheitlichen Produktionssystems über Unternehmensbereichsgrenzen,
- Harmonisieren von Prozessen,
- Vermeidung von Verschwendung.

b) Lean Construction

Lean Construction versteht sich als Vereinigung ganzheitlicher Gestaltungsprinzipien für Planungs- und Produktionsprozesse im Bauwesen basierend auf Lean-Management-Ansätzen. Hierfür werden zum Teil etablierte Methoden für das Bauwesen adaptiert und entsprechend den bauspezifischen Anforderungen weiterentwickelt.

c) Muda

Der japanische Begriff Muda bedeutet Verschwendung. Unter Verschwendung werden im Lean Management alle Tätigkeiten verstanden, die zwar Ressourcen verbrauchen, allerdings keinen Wert im Sinne des Kunden erzeugen.

d) Kaizen

Das Wort Kaizen ist eine Zusammensetzung der zwei japanischen Wörter KAI und ZEN. KAI bedeutet „Veränderung“ und ZEN „das Gute“, übersetzt heißt es so viel wie „Veränderung zum Besseren“. In jedem kleinen Prozessschritt werden immer wieder erneut kleine Verbesserungen vorgenommen. Deswegen wird Kaizen auch als der kontinuierliche Verbesserungsprozess, kurz KVP, bezeichnet.

e) Gemba

Der japanische Begriff Gemba bezeichnet den Ort der Wertschöpfung. In der stationären Industrie ist hiermit z. B. die Fertigungshalle gemeint, im Bauwesen ist der Ort der Wertschöpfung zumeist die Baustelle.

Zur Klarstellung wird auf ausgewählte Begriffe aus der VDI-Richtlinie 2553 wie folgt zurückgegriffen:

a) Kooperation

Zusammenarbeit, basierend auf Transparenz und Offenheit, zur Verfolgung gemeinsamer Ziele innerhalb von Bauprojekten, von Unternehmen oder unternehmensübergreifend

b) Kollaboration

Proaktive Zusammenarbeit aller Baubeteiligten zur Erreichung eines gemeinsam zuvor definierten Projekterfolgs mit möglicher Risikoteilung

c) Kunde

Auftraggeber sowie auch der Eigner des nachfolgenden Prozesses (z. B. nachfolgendes Gewerk oder Fach-planer)

d) Methode

Bestimmte standardisierte Vorgehensweise, die einem Gestaltungsprinzip oder einer Ausrichtung zugeordnet ist und zur Erreichung von Projekt- und/oder Unternehmenszielen eingesetzt wird

e) Prinzip

Fester allgemeiner Grundsatz, der Methoden und Werkzeugen übergeordnet ist

f) Verschwendung

Unnötiger Ressourcenverbrauch, der nicht zur Wertschöpfungssteigerung eines Produktes oder einer Dienstleistung beiträgt

Weitere Begriffe im Kontext des Lean Construction Managements werden im jeweiligen Kapitel erläutert.

3.3.3 Prinzipien des Lean Managements

James P. Womack und Daniel T. Jones erarbeiteten fünf Grundprinzipien, um die Grundsätze des Lean Managements zu beschreiben. Diese fünf Prinzipien (Kundenwert, Wertstrom, Fluss-Prinzip, Pull-Prinzip und Streben nach Perfektion) des Lean Thinking werden in Bild 3-13 dargestellt und im Folgenden erläutert.

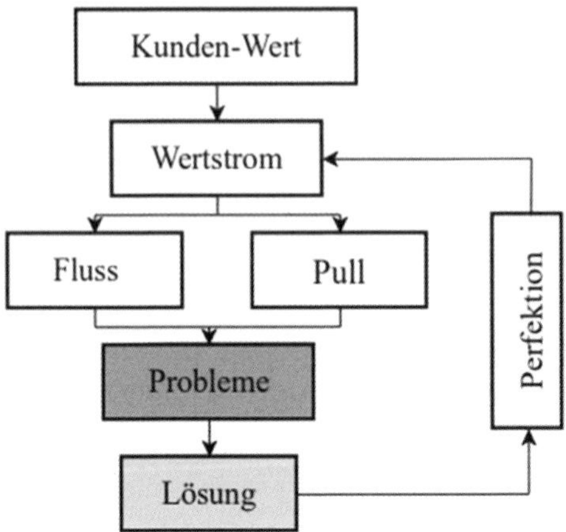

Quelle: Womack und Jones, 1992

Bild 3-13: Grundprinzipien des Lean Thinking

3.3.3.1 Der Wert aus Sicht des Kunden

Zu Beginn des Kreislaufes der Verbesserungen muss der Mehrwert für den Kunden definiert werden. Der Mehrwert wird definiert durch die Bearbeitung eines Produktes, die Veränderung der Gestalt bzw. des Charakters eines Produktes. Damit wird dazu beigetragen, die Kundenanforderungen zu erfüllen. Wenn die Wünsche des Kunden optimal erfüllt sind, wird er das Angebot annehmen bzw. das Produkt kaufen. Dabei ist zu beachten, dass die Wertvorstellung von Kunde und Lieferant bzw. Hersteller oftmals sehr unterschiedlich sind und ohne Kenntnis der exakten Bedürfnisse des Leistungsempfängers die Einschätzung über die Wertigkeit des Produktes erschwert wird [Magenheimer, 2014].

3.3.3.2 Identifikation des Wertstroms

Nachdem der Mehrwert für den Kunden definiert worden ist, muss der Wertstrom identifiziert und analysiert werden. Der Wertstrom umfasst alle Tätigkeiten, sowohl wertschöpfende als auch nicht wertschöpfende, die zur Produktherstellung im jeweiligen Betrachtungsraum notwendig sind [Rother, Shook 2016]. Die Analyse beginnt mit der Bestellung des Kunden und endet bei der Übergabe des Produktes. Zwischen diesen Zeitpunkten müssen alle Tätigkeiten der Prozessschritte identifiziert und in drei Kategorien eingeteilt werden.

Die Tätigkeiten teilen sich auf in Nutzleistungen (wertschöpfende Tätigkeiten), in Scheinleistungen (nichtwertschöpfende Tätigkeiten) und Blindleistungen (Verschwendung) [Bleher, 2014].

Durch die Identifikation der unterschiedlichen Tätigkeiten wird das Prozessverständnis erheblich erhöht und Probleme im Ablauf, die zuvor unentdeckt blieben, werden offengelegt. Dadurch kann von Beginn an die Verschwendung im Prozess minimiert bzw. sogar eliminiert werden. Außerdem können Scheinleistungen, also die nichtwertschöpfenden Tätigkeiten, als Handlungsfeld für potenzielle Verbesserungen angesehen werden [Magenheimer, 2014].

3.3.3.3 Fluss-Prinzip

Der dritte Schritt nach der Wertstromanalyse ist das Erzeugen eines Flusses. Idealerweise wird ein „One-Piece-Flow" oder zu Deutsch sinngemäß „mitarbeitergebundener Arbeitsfluss" (MAF) [Arzet, 2005] erzeugt. Ein One-Piece-Flow besagt, dass die Arbeiten an einem einzigen Produkt ohne Unterbrechung bis zu dessen Fertigstellung durchgeführt werden.

„Die Aufgabe der Fluss-Planung besteht darin, die Prozesse in eine optimale Reihenfolge zu bringen und anschließend miteinander zu synchronisieren. Ziel ist ein kontinuierlicher Ablauf, bei dem unnötige Zwischenlager und Puffer sowie Engpässe erkannt und beseitigt werden, da sie längere Durchlaufzeiten zur Folge haben. Außerdem werden Schwankungen ausgeglichen." [GLCI, 2018] Es wird beim Fluss-Prinzip jedoch nicht auf Nachfrage produziert, sondern auf eine festgesetzte Menge, sodass unter Umständen Produkte entstehen bzw. anfallen, für die es noch keine Abnehmer gibt.

3.3.3.4 Pull-Prinzip

Um diese Überproduktion zu vermeiden, gibt es als nächsten Schritt das Pull-Prinzip. Das Pull-Prinzip bedeutet, dass nur nach Bedarf Leistung erstellt wird. Auf Basis des erfolgreich implementierten Fluss-Prinzips in den Prozess kann dessen Steuerung vom Bring-Prinzip auf das Hol-Prinzip umgestellt werden. Dies ermöglicht es, das Produkt ausschließlich auf Anforderung des Kunden bzw. eines nachgelagerten Prozessschrittes bereitzustellen. Neben den sinkenden Beständen liegt ein weiterer Vorteil in der selbststeuernden Eigenschaft des Hol-Prinzips. Dadurch muss ein Produktionsplan bzw. eine detaillierte Arbeitsvorschrift lediglich für den letzten Prozessschritt aufgestellt werden. Die vorgelagerten Prozesse werden durch den Bedarf am Ende der Prozesskette angesteuert [Magenheimer, 2014].

3.3.3.5 Streben nach Perfektion

Der letzte Schritt im Lean Management ist das Anstreben von Perfektion. Das Streben nach Perfektion stellt den Leitgedanken und das Ziel des schlanken Denkens (Lean Thinking) dar und ist somit Kern des Lean Managements.

Nach der erfolgreichen Verankerung der ersten vier Prinzipien ist das Fundament für einen perfekten, fehlerfreien Zustand gelegt. Wichtig hierbei ist die Konzentration auf die Art und Weise, wie ein solcher Zustand erreicht werden kann [Womack, Jones, 2013]. Die kontinuierliche Verbesserung ist auch unter dem Begriff „Kaizen" (Japanisch: „Weg zum Besseren") bekannt. Die Voraussetzung für eine kontinuierliche Verbesserung in kleinen Schritten (Kaizen) ist die Existenz standardisierter, stabiler sowie transparenter Prozesse. So soll durch konstantes Hinterfragen aller auszuführenden Tätigkeiten unter Einbindung aller beteiligten Mitarbeiter eine kontinuierliche Verbesserung des Prozesses erreicht werden.

3.3.4 Verschwendung und Verschwendungsarten

Die Definition der Verschwendungsarten und deren Abgrenzung zur wertschöpfenden Arbeit sind ein zentrales Thema einer Optimierung [Bertagnolli, 2020]. Wenn man von Verschwendung redet, ist oft die Sprache von Muda. Muda steht für „sich abmühen" oder „sinnlosen Aufwand", wird aber aufgrund der englischen Übersetzung „waste" häufig in der deutschen Sprache mit Verschwendung gleichgesetzt. Tabelle 3 zeigt die klassischen acht Verschwendungsarten des Lean Managements.

Tabelle 3: Verschwendungsarten

1. Überproduktion	5. Prozessübererfüllung
2. Überflüssige Bewegung	6. Bestände
3. Wartezeit	7. Fehler, Ausschuss und Nacharbeit
4. Transport	8. Nicht genutztes Mitarbeiterwissen

Verschwendung durch Überproduktion entsteht durch das Push-Verfahren, wenn nicht nach Nachfrage produziert wird, sondern nach Menge. Dies hat mehrere andere Verschwendungsarten zur Folge, wie z. B. einen erhöhten Transportaufwand oder höhere Kosten durch das Vorhalten und die Pflege des Bestands. Überflüssige Bewegung entsteht durch lange Laufwege oder Umwege und ist nicht nur bei Menschen, sondern auch Maschinen zu finden. Die Wartezeiten sind möglichst kurzzuhalten, da ansonsten nicht effektiv in einem Arbeitsfluss gearbeitet werden kann und Zeit verschwendet wird. Ebenfalls zu minimieren sind Transporte, da diese selbst keine Wertsteigerung darstellen. Prozessübererfüllung kann mit erhöhtem Personalaufwand, Materialaufwand oder Energieaufwand verbunden sein, wodurch die Kosten steigen, obwohl dieser Schritt für die Wertschöpfung nicht vonnöten ist und daher in den Bereich der Verschwendung fällt. Bestände benötigen Lagerfläche, womit wiederum Kosten anfallen, deshalb sind diese so niedrig wie möglich zu halten. Die letzte klassische Verschwendungsart sind Fehler, wodurch Nacharbeit anfällt, Kunden verloren gehen und Zusatzprüfungen anfallen. Zusätzlich als Verschwendung ist nicht genutztes Mitarbeiterwissen aufzuführen, da hier Wissenspotenzial verloren geht [Bertagnolli, 2020]. Generell ist Verschwendung dann gegeben, wenn ein nicht wertsteigernder Prozess einen oder mehrere der Faktoren Zeit, Qualität oder Kosten negativ beeinflusst.

3.3.5 Methoden und Werkzeuge

Im Lean Management werden bestimmte standardisierte Vorgehensweisen eingesetzt, die einem Gestaltungsprinzip zugeordnet sind und zur Erreichung von Projekt- und/oder Unternehmenszielen eingesetzt werden. Hierfür werden standardisierte, physisch vorhandene Mittel (inklusive Software) zur Anwendung oder Umsetzung der Methoden verwendet.

Die Methoden und Werkzeuge des Lean Construction Managements lassen sich üblicherweise drei verschiedenen Anwendungsbereichen entsprechend ihrer Zieldefinition zuordnen (Bild 3-14).

Die drei Anwendungsbereiche nach VDI 2553 sind

- Projekt- und Prozessanalyse,
- Organisation und Steuerung und
- Kontinuierliche Verbesserung und Lernen.

Methodenkatalog Lean Construction		Hauptanwendungsbereich				Wirkung Zieldimension			
Anwendungs-bereich	Anhang dieser Richtlinie – Methode/Werkzeug	Entwurf/Design	Bauproduktions-planung	Bauausführung	Betrieb	Qualität	Kosten	Zeit	Varianzreduzierung
a) Projekt- und Prozessdiagnose	A1 – Gesamtprojekt-Prozessanalyse (GPA)	5	3	5	1	1	3	4	
	A2 – Multimomentanalyse (MMA)		2	5	1	3	5	4	
	A3 – Wertstromanalyse (WSA)	3	3	5	1	4	5	5	1
	A4 – Spaghettidiagramm		3	5	1	2	3	4	
	A5 – Material- und Informantionsfluss-Diagramm (MIFA)	3	3	7	2	1	3	3	
	A6 – Waste Walk	1	3	6	1	2	3	6	2
	A7 – Hands-on-Tool-Time (HOTT, effektive Arbeitszeitmessung)			5			2	4	
b) Organisation und Steuerung	B1 – Big Room	4	6	4		3	5	3	2
	B2 – Projekt-Steuerungsraum (Obeya)	4	3	7		2	2		4
	B3 – Letzte-Planer-Methode, als kooperative integrierte Planungs- und Steuerungsmethodik	3	4	3		4	2	6	5
	B4 – Taktplanung und Taktsteuerung	1	3	7		2	3	4	3
	B5 – Scrum – agiles Projektmanagement								
	B6 – Ordnung und Sauberkeit – 5S im Bau	7	5	6	3	5	1	2	1
c) kontinuierliche Verbesserung, Lernen, Standardisierung	C1 – 5W-Methode	3	4	4	2	6	2	1	
	C2 – PDCA-Zyklus	4	4	6	2	2	1		5
	C3 – A3-Report	3	4	5	2	2			
	C4 – Vier-Stufen-Anlern-Methode			4		3		2	

Quelle: VDI 2553

Bild 3-14: Methodenkatalog nach VDI 2553

Im Folgenden werden ausgewählte Methoden und Werkzeuge, die häufig angewendet werden, kurz erläutert, um einen Einblick in die Lean-Arbeitsweise zu geben.

3.3.5.1 Projekt- und Prozessanalyse

Um den Status quo sowohl in Prozessen als auch in Unternehmensstrukturen zu erfassen und zu analysieren, kommen oft Methoden der Projekt- und Prozessanalyse zum Einsatz. Dabei helfen visuelle Darstellungen, um den zu analysierenden Prozess oder das bestehende Problem zu verdeutlichen. Häufig werden grafische Visualisierungen und Darstellungen von Kennzahlen angewendet, um die Kommunikation im Team, mit externen Dienstleistern und Partnern zu erleichtern. Sie vermitteln die Informationen logisch und strukturiert.

a) Gesamtprojekt-Prozessanalyse (GPA)

Die Gesamtprojekt-Prozessanalyse wird eingesetzt, um eine Prozesslandkarte mit allen wichtigen Prozessen zu generieren. Ziel ist es, neben den Prozessbeteiligten auch alle Schnittstellen und Wechselbeziehungen aufzuzeigen (Bild 3-15). Die GPA ist eine einfache Methode, um zu Beginn eines Projektes einen Überblick über die relevanten Akteure, Schnittstellen und Meilensteine zu bekommen. Im Idealfall wird die GPA in einem Workshop durch das Performance-Team erstellt und vom letzten Prozessschritt her aufgebaut, um in mehreren Iterationen den optimalen Arbeitsfluss zwischen den Beteiligten zu bestimmen.

Die GPA ist oft der Ausgangspunkt für detailliertere Prozessplanungsmethoden wie das Last Planner System oder die Taktplanung.

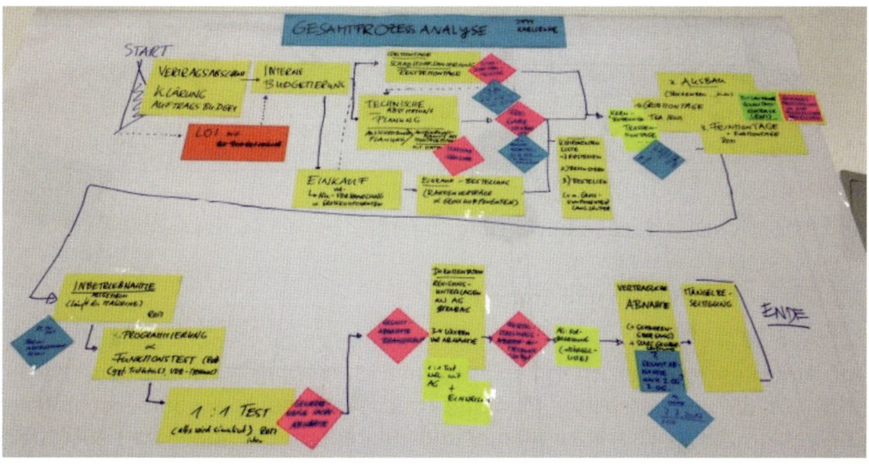

Quelle: VDI 2553

Bild 3-15: Beispiel einer GPA

b) Ishikawa-Diagramm

Das Ishikawa-Diagramm, oft auch Ursache-Wirkungs-Diagramm bezeichnet, wurde bereits in den 1940er-Jahren von Kaoru Ishikawa entwickelt. Es wird als Werkzeug zur Qualitätssicherung und Problemlösung eingesetzt. Kern des Werkzeuges ist die Visualisierung des Problemlösungsprozesses, indem analytisch nach den Ursachen eines Problems durch Zerlegung der Hauptursachen vorgegangen wird. Dabei kann die Methode einen wichtigen Beitrag leisten, den Istzustand detailliert und strukturiert darzustellen. Zur Durchführung einer Ursache-Wirkungs-Analyse werden mehrere Schritte durchlaufen. Zuerst wird das Problem formuliert. Anschließend werden anhand der Haupteinflussgrößen Mensch, Material, Methode, Maschine, Messung und Milieu potenzielle Problemursachen gesammelt und Nebeneinflüsse den Haupteinflussgrößen zugeordnet und weiter zerlegt. Mithilfe weiterer Methoden wie z. B. der ABC-Analyse und der 5W-Methode wird deren Einfluss auf das Problem bewertet. Zur Visualisierung des Analyseprozesses dient häufig die Darstellung des Fischgräten-Diagramms (Bild 3-16).

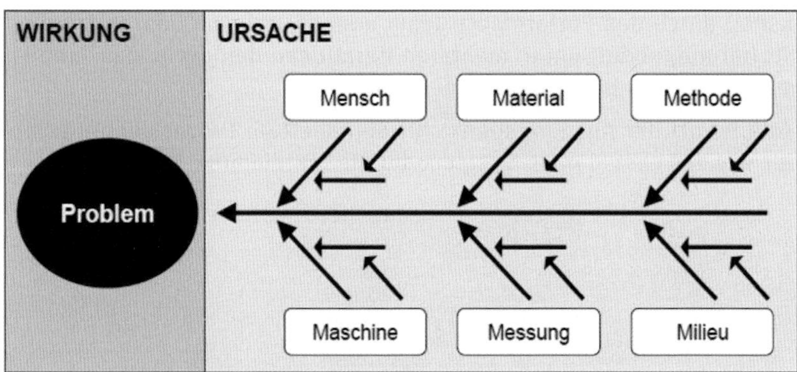

Quelle: GLCI, Lean Construction – Begriffe und Methoden

Bild 3-16: Schema des Ishikawa-Diagramms

3.3.5.2 Organisation und Steuerung

Aufbauend auf der Projekt-, Prozess- und folglich der Problemanalyse stellt der Anwendungsbereich Organisation und Steuerung Methoden zur Verfügung, um die bevorstehende Planungs- und Bauaufgabe ressourcenschonend und verschwendungsarm zu planen und zu steuern. Die dabei am häufigsten verwendeten Methoden sind das Last Planner System, die Taktplanung und Taktsteuerung. Diese sollen die Lücke zwischen dem übergeordneten Projektmanagement und dem Prozessmanagement schließen.

a) Last Planner System® (LPS), Letzte-Planer-Methode

Das Last Planner System ist eine der zentralen Methoden zur Produktionsplanung und Produktionssteuerung von Bauprojekten. Durch das LPS werden alle fünf Lean-Prinzipien von James P. Womack und Daniel T. Jones in einem zentralen System umgesetzt. Es wurde in den 1990er-Jahren von Professor Glenn Ballard und Gregory Howell entwickelt und wird seitdem auch in anderen Branchen angewendet (Ballard, Howell, 2003).

Der Einbezug aller Projektbeteiligten und das Schaffen von Vertrauen und Verlässlichkeit gehören zu den wichtigsten Bestandteilen des LPS®. Mit dem Begriff ‚Last Planner' oder ‚Letzte Planer' sind die Personen gemeint, welche die Terminierung und die Ausführung festlegen, daher auch der Name. Es sind also alle Gewerke und Planer gemeint, zum Beispiel Gewerkevorarbeiter.

Mithilfe von effektiver und effizienter Nutzung von Ressourcen, Wissen und Information kann die Zuverlässigkeit innerhalb der Baubranche deutlich erhöht werden. Wichtig hierbei ist eine kollaborative Erarbeitung der Abläufe, das heißt in Verbindung mit allen Faktoren wie Mensch, Maschine und Prozess. Bild 3-17 zeigt, dass die Zuverlässigkeit mit den Phasen, vom Start- zum Endmeilenstein, im Planungs- und Bauprozess unter Einbezug der Zusageneinhaltung, basierend auf verschiedenen Methoden, stets zunimmt.

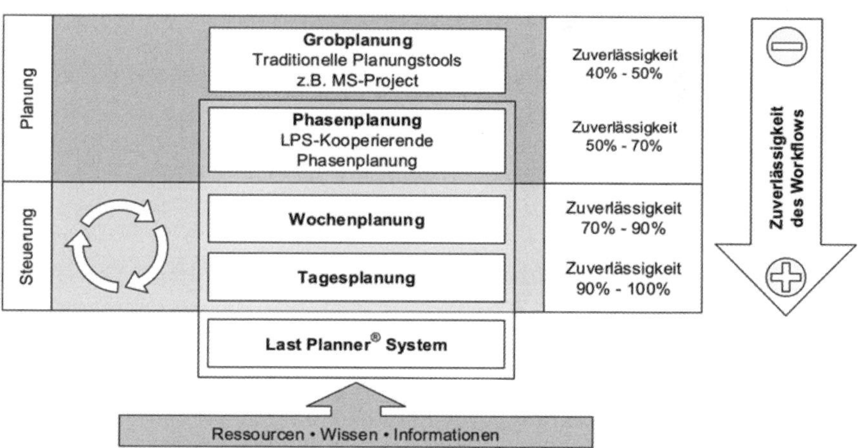

Quelle: Huppertz, 2020

Bild 3-17: Phasen des Last Planner Systems und Zuverlässigkeit des Workflows

b) Das LPS besteht aus den folgenden fünf Elementen (in Anlehnung an GLCI, 2018):

1) Grobplanung/Rahmenterminplan (z. B. GPA) – Klärt, was im Projekt aus Prozess- und Meilensteinsicht passieren sollte
2) Phasenplanung (Pull-Planung) – Teilt das Projekt in Phasen ein und zeigt auf, was auf Wochenbasis passieren sollte
3) Vorschauplanung – Unterteilt die Phasen in Aufgaben und zeigt, was passieren kann
4) Wochenplanung – Bildet eine hindernisfreie Woche mit ihren Tätigkeiten ab, damit klar ist, was passieren wird (Bild 3-18)
5) Auswertung – Nach Abschluss bzw. Erledigung der Aufgaben soll aus den Erfahrungen gelernt werden und die Kennzahlen werden erfasst

Quelle: VDI 2553

Bild 3-18: Beispiel einer Wochenplanung

c) Taktplanung und Taktsteuerung

„Die Taktplanung und Taktsteuerung (TPTS) ist eine Methode zur Produktionsplanung und -steuerung für Bauprojekte über alle Projektphasen vom Planen und Bauen bis zur Inbetriebnahme, die sich an den Lean-Prinzipien von James P. Womack und Daniel T. Jones orientiert." [GLCI, 2018]

Die Methode Taktplanung und Taktsteuerung (TPTS) verfolgt auch das Ziel, einen stabilen Produktionsprozess für die Baustelle zu entwickeln. Der

Kern der Methode liegt dabei in der Gestaltung der Produktionsabläufe, sodass in gleichen Zeitabschnitten (Taktzeit) ähnliche Arbeitsleistungen geplant werden.

Die Taktplanung und Taktsteuerung finden primär in der Fließbandproduktion Anwendung. Der Unterschied zwischen der Baubranche und der generellen Fließbandfertigung besteht darin, dass sich hier nicht das Produkt durch die Fertigungshalle bewegt, sondern die Arbeiter durch das „Produkt".

Der Prozess der Taktplanung folgt einem festgelegten Ablauf von Planungstätigkeiten, die in Bild 3-19 dargestellt sind. Abweichende Versionen der Taktplanung bilden die Prozesse in unterschiedlicher Detaillierung ab, sodass die Anzahl der Schritte unterschiedlich ist. Die Vorgehensweisen und Prinzipien sind jedoch ähnlich.

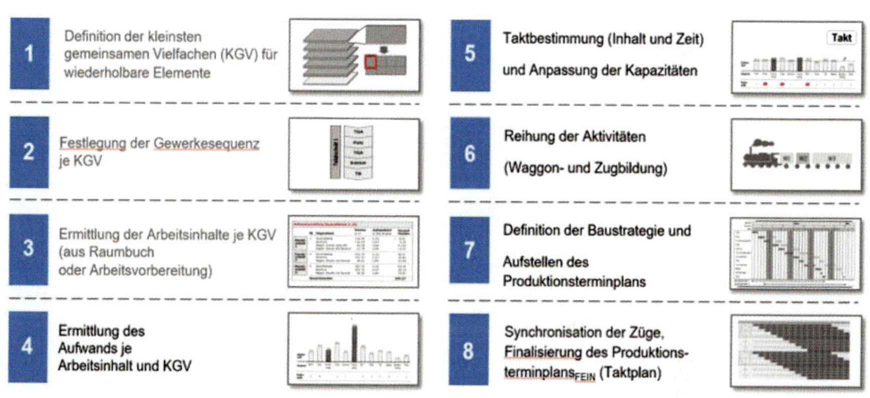

Quelle: Eigene Darstellung

Bild 3-19: 8 Schritte der Taktplanung (in Anlehnung an Porsche Consulting)

Da sich die Methode der Taktplanung vornehmlich für Produktionsabläufe anwenden lässt, die wiederkehrend sind, steht zu Beginn die Identifikation der kleinsten Einheit an, die sich im Ablauf wiederholt. Für diese kleinste wiederholbare Einheit (KGV) werden anschließend die Gewerkesequenzen definiert. Darauf baut sich die Ermittlung der detaillierten Arbeitsinhalte je KGV auf. Dazu gehört die Ermittlung der Mengen der zu erbringenden Leistungen und im nächsten Schritt die Ermittlung des zeitlichen Arbeitsaufwandes für die jeweiligen Leistungen. Auf diesen Grundlagen werden anschließend die Kapazitäten entsprechend der Gewerkeauslastung angepasst, um eine harmonisierte Abfolge der Gewerke zu ermöglichen. Durch das Bündeln von einzelnen Gewerken zu Waggons, die ihre Leistung zeitgleich in einem Taktbereich durchführen können, und mit deren Aneinanderreihung entsteht so ein sehr detaillierter Produktionsterminplan für die Bauaufgabe.

Als zentrale Informationsbasis für die Steuerung des Ablaufes wird die Taktsteuerungstafel genutzt (Bild 3-20). Auf ihr sollen alle relevanten Informationen für die Prozessbeteiligten dargestellt werden.

Quelle: VDI 2553

Bild 3-20: Taktsteuerungstafel

Das wichtigste Element zur Umsetzung der Taktsteuerung bilden die regelmäßigen (Takt-)Besprechungen. Die täglichen Besprechungen sind notwendig, um den Status der aktuellen Tätigkeiten festzustellen und mit dem Taktplan abzugleichen. An diesen täglichen, nur wenige Minuten dauernden Besprechungen nehmen der Bauleiter und die Vorarbeiter der aktuell tätigen Gewerke teil. Somit kann bei auftretenden Abweichungen vor Ort unmittelbar reagiert werden und Maßnahmen können ergriffen werden. Die Dokumentation des Status und der Maßnahmen erfolgt an der Taktsteuerungstafel.

3.3.5.3 Kontinuierliche Verbesserung und Lernen

Das Streben nach Perfektion ist eines der Grundelemente von Lean Construction. Diese Perfektion lässt sich jedoch nur durch einen kontinuierlichen Verbesserungsprozess (KVP) im Unternehmen erreichen. Dieser Prozess wird oft mit dem japanischen Kaizen beschrieben (siehe Kapitel Begriffsdefinitionen).

Aus dem Lean Management haben sich einige Werkzeuge, die den KVP unterstützen, auch für die Anwendung im Bauwesen herauskristallisiert. Zu den Hilfsmitteln zählen z. B. die sogenannte A3-Methode, die den Problemlösungs- und Entscheidungsfindungsprozess leitet, oder die Vier-Stufen-Methode, die zum Ziel hat, Einarbeitungsphasen standardisiert durchzuführen, um die Produktivität zu steigern. Im Folgenden werden die 5W-Methode und das Prinzip des PDCA-Zyklus weiter erläutert.

a) 5W-Analyse

Die 5 Why-Methode, kurz 5W-Methode, ist eine einfache und wirkungsvolle Fragetechnik, die zur Ursachenanalyse von einfachen Problemen im Bereich des Qualitätsmanagements angewendet wird. Der japanische Lösungsansatz wurde von Taiichi Ohno entwickelt. Durch mehrfaches Hinterfragen der verantwortlichen Person wird die wahre Kernursache für eine abweichende Qualität oder Fehler bestimmt. Entscheidend ist hierbei nicht, wer die Schuld für ein Problem trägt [Bertagnolli, 2020]. Der Schwerpunkt wird nicht nur auf die sichtbaren Fehlerquellen oder Symptome gesetzt, sondern darauf, durch eine Analyse die Ursache der Fehler und Probleme aufzudecken und zu beheben. Mit der Dokumentation auf dem 5W-Fragebogen (Bild 3-21), der Verbreitung der Ergebnisse und Maßnahmen wird langfristig die Wurzel des Problems erkannt und angegangen.

5W-Analyse	erstellt am:
	erstellt von:

1. Problembeschreibung:

Was ist passiert:

Wo?

Wann?

Anwesende:

Auswirkungen:

2. Ursachen-Analyse:

1. Warum:
1. Antwort:

2. W:
2. A:

3.W:
3. A:

4. W:
4. A:

5. W:
5. A:

3. Maßnahmeplan:

Maßnahme	eingeleitet von	Datum	erledigt

4. Ergebniskontrolle:

Datum	kontrolliert von	Ergebnis der Kontrolle

Quelle: Eigene Darstellung

Bild 3-21: Dokumentation der 5W-Analyse

b) PDCA-Zyklus

Der PDCA-Zyklus basiert auf den Entwicklungen von William Edwards Deming aus den 1930er-Jahren. Deshalb ist er in der Praxis auch als Demingkreis oder Demingrad bekannt. Der Ablauf basiert darauf, dass durch einen zyklischen 4-stufigen Prozess eine gegebene Situation verbessert wird und so ein höherer Standard erreicht wird (Bild 3-22). Durch die kontinuierliche Wiederholung des Regelprozesses wird so ein ständiger Fortschritt in kleinen Schritten erreicht.

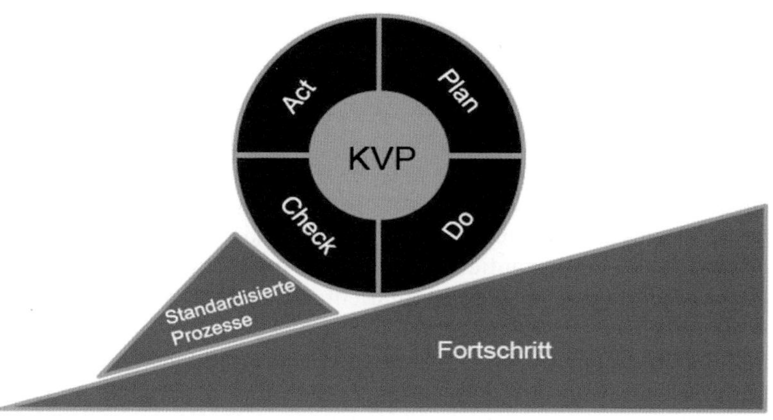

Quelle: GLCI, Lean Construction – Begriffe und Methoden

Bild 3-22: Der PDCA-Zyklus

PDCA steht für Plan, Do, Check und Act. Diese stellen die vier Stufen des Demingkreises dar.

Phase 1: Plan

- Analyse und Definition des Problems
- Festlegung der Ziele der Verbesserung
- Vergleich von Ist- und Zielwert
- Ableitung von Lösungsansätzen

Phase 2: Do

- Lösungsansatz in Hypothese umwandeln
- Hypothese umsetzen

Phase 3: Check

- Evaluation der Ergebnisse
- Beurteilung der Wirksamkeit

Phase 4: Act

- Festlegung der verbesserten Arbeitsweise als neuer Standard
- Bei Nichterreichung der Ziele ggf. Korrektur und Rückkehr in die Plan-Phase

Die kontinuierliche Verbesserung stellt sich dadurch ein, dass die vier Phasen fortlaufend in Regelterminen wiederholt werden sollen.

3.3.5.4 Zusammenfassung

Die Anwendung einzelner Methoden oder Werkzeuge stellt im Sinne eines ganzheitlichen Prozessansatzes keine Einführung von Lean Construction dar. Hierzu genügt es nicht, einzelne Hilfsmittel aus dem „Lean-Werkzeugkasten“ anzuwenden. Für die Implementierung eines ganzheitlichen Lean-Construction-Ansatzes bedarf es einer aktiven Ausrichtung der gesamten Geschäftsprozesse, um den Kundenwert zu erhöhen und die Lean-Philosophie zu verinnerlichen. Damit gehen die Vermeidung von Verschwendung jeglicher Art, die kontinuierliche Verbesserung der Organisation und das Etablieren eines „Lean Mindset“ der beteiligten Mitarbeiter einher.

3.3.6 Umsetzungsgrad in Deutschland

Aus der industriellen Fertigung sind die Prinzipien des Lean Managements nicht mehr wegzudenken. Prinzipien und Methoden, die einst für die Fließbandfertigung entwickelt wurden, verlassen die angestammten Industriezweige und werden auf neue Bereiche übertragen. So etablieren sich angepasste Methoden unter den Stichwörtern Lean Healthcare, Lean Administration oder natürlich Lean Construction. Unternehmen setzen heute Lean nicht mehr nur in Fabriken, sondern auch in Büros, Baustellen, Krankenhäusern etc. ein, um die Arbeit entsprechend ihren ganzheitlichen Produktionssystemen zu reorganisieren. Immer häufiger finden bei Projektentwicklung und -umsetzung sowie der Definition von Arbeitsprozessen Lean-Methoden Anwendung. Diese Entwicklungen zeigen sich in ganz unterschiedlichen Bereichen unserer Arbeitswelt.

3.3.6.1 Aus- und Weiterbildung

Das Lehrangebot an deutschen Hochschulen und Universitäten mit Lehrinhalten aus dem Bereich Lean Construction und partnerschaftliche Vertragsmodelle ist den letzten Jahren kontinuierlich gestiegen. Lehrmodule mit den Titeln „Lean-Baumanagement", „Bauprozessmanagement" und „Integrales Planen und Bauen" finden sich immer häufiger im Lehrangebot unserer Hochschulen und Universitäten. Bei einem Blick in die Curricula finden sich an fast allen Bildungseinrichtungen mit Baufakultäten Lehrinhalte des Lean Managements mit seinen unterschiedlichen Ausprägungen.

Seit 2018 gibt es hierzu auch eine Fachgruppe „Lean Construction in der Lehre" beim German Lean Construction Institut (GLCI). In der Fachgruppe schlossen sich Hochschullehrer zusammen, um sich über Lehrinhalte und Lehrmethoden auszutauschen und abzustimmen, mit dem Ziel, in allen baubezogenen Studiengängen und in allen baubezogenen Ausbildungsberufen die Lean-Philosophie, die Grundsätze des Lean Managements sowie Methoden und Werkzeuge des Lean Construction in die Ausbildung zu integrieren (GLCI, 2021).

Über die universitäre Ausbildung hinaus hat sich auf dem Weiterbildungsmarkt eine Vielzahl von Programmen zum Thema entwickelt. Diese gehen vom reinen Methodentraining wie zum Beispiel der Taktplanung oder dem Last Planner System® bis zu mehrtägigen Expertenausbildungen, die über einen längeren Zeitraum durchgeführt werden.

Um die Inhalte einer Lean Construction Weiterbildung zu strukturieren, wurden vom Verein Deutscher Ingenieure (VDI) die Mindestinhalte für eine Weiterbildung zum „Lean Construction Experten" im Rahmen der VDI-Richtlinie VDI-MT 2553 Blatt 1 definiert. Diese Weiterbildung richtet sich an „Fach- und Führungskräfte sowie Optimierungsbeauftragte aus baunahen Sektoren wie Auftraggeber, Architekten, Projektentwickler, Ingenieurbüros, Bauunternehmen oder Bauzulieferer. Zielgruppen sind sowohl Personen, die die Umsetzung von Lean Construction zukünftig im eigenen Arbeitsumfeld anstoßen sollen, als auch Personen, die bereits mit Lean Construction arbeiten und den effektiven Einsatz verschiedener Methoden unmittelbar nutzen möchten." (VDI-MT 2553 Blatt 1)

Die Weiterbildung gliedert sich in vier Inhaltsblöcke:

1) Grundlagen zu Lean Construction

2) Projekt- und Prozessanalyse

3) Organisation und Steuerung

4) KVP und Lernen

Die Ausbildungsinhalte orientieren sich an der im März 2019 erschienenen VDI Richtlinie 2553. Diese stellt das in Deutschland bisher einzige Regelwerk dar, das Lean Construction untergliedert und in den vier genannten Themenblöcken behandelt.

3.3.6.2 Lean Construction in der Projektabwicklung

Seit Gründung des German Lean Construction Institutes (GLCI) e. V. im Jahr 2014 haben sich die Branche und die Art der Zusammenarbeit verändert. Mittlerweile versammelt der GLCI e. V. 452 Mitglieder in seinen Reihen, wovon 115 Unternehmen, 19 Hochschulen und 315 natürliche Personen sind (Stand 09/2021). Damit zeigt sich, dass die am Bau Beteiligten vermehrt auch das Interesse und die Notwendigkeit verspüren, sich mit Lean-Methoden zu befassen. Weiterhin werden in Ausschreibungen vermehrt die Anwendungen von Lean-Methoden sowohl in der Planungsphase als auch in der operativen Abwicklung auf der Baustelle gefordert. Hier spielt oft der Nachweis von einschlägigen Kenntnissen in den Methoden eine Rolle, wobei auf die genannte Weiterbildung zum „Lean Construction Experten" verwiesen wird.

Beim Blick in die Organisationstrukturen bauausführender Unternehmen fällt auf, dass sich in den letzten Jahren neben der klassischen Arbeitsvorbereitung interne Stabsabteilungen für Lean Construction gebildet haben. Diese Organisationseinheiten sind meist für die zentrale Einführung der Lean-Arbeitsweise zuständig und unterstützen die operativen Einheiten auf den Baustellen.

In der Praxis hat sich herausgestellt, dass mit der Einführung neuer Abwicklungsformen und Methoden Probleme auftreten, die der erfolgreichen Implementierung entgegenstehen. Dazu zählen:

- Traditionelle Denkmuster der Entscheidungsträger und starre Arbeitsstrukturen,
- Mangelhafte Kenntnisse und eingeschränktes Verständnis von Lean-Methoden,
- Mangelnder Teamgeist bei Projekterstellung und -umsetzung,
- Beschränktes Verständnis für Prozessdenken und
- Eingefahrene und nicht angepasste vertragliche Strukturen.

Nachdem die Reformkommission Bau von Großprojekten in ihrem Abschlussbericht ihre Lösungsvorschläge als 10-Punkte-Aktionsplan vorlegte, ist ein Trend zu mehr Kollaboration und einem verstärkten Fokus auf transparente

Prozesse in Bauprojekten zu spüren. Zu den vorgelegten Handlungsempfehlungen zählten u. a. [BMVI, 2015]:

- Kooperatives Planen im Team
- Erst planen, dann bauen
- Partnerschaftliche Projektzusammenarbeit
- Außergerichtliche Streitbeilegung
- Klare Prozesse und Zuständigkeiten/Kompetenzzentren
- Stärkere Transparenz und Kontrolle
- Nutzung digitaler Methoden – Building Information Modeling (BIM)

Daraus wird deutlich, dass die Einführung von Lean-Management-Methoden auch in Bauprojekten vielversprechende Ansätze birgt, um mehr Transparenz zu fördern und den Bauproduktionsprozess als ganzheitlichen Ansatz zu betrachten, mit dem Ziel einer höheren Effizienz im Bauablauf zur Erhöhung der Kundenzufriedenheit und der Wertschöpfung bei gleichzeitiger Eliminierung von jeglicher Form von Verschwendung.

3.3.7 Lean Construction von Anfang eines Projektes an

3.3.7.1 Ausgangsszenarien und Zielsetzung

Obwohl die Bauindustrie in hohem Maße zur globalen Industrie beiträgt, ist sie behaftet mit Verschwendung und Ineffizienz, was zu einer rückläufigen Produktivität führt. Um das Ausgangszenario zu verdeutlichen, kann Bild 3-23 zur Entwicklung der Arbeitsproduktivität je Erwerbstätigenstunde herangezogen werden.

Wie der Grafik zu entnehmen ist, stagnierte die Produktivität im Baugewerbe im Zeitraum von 1991 bis 2016, während sie sich in anderen Wirtschaftsbereichen um über 40 % steigern ließ.

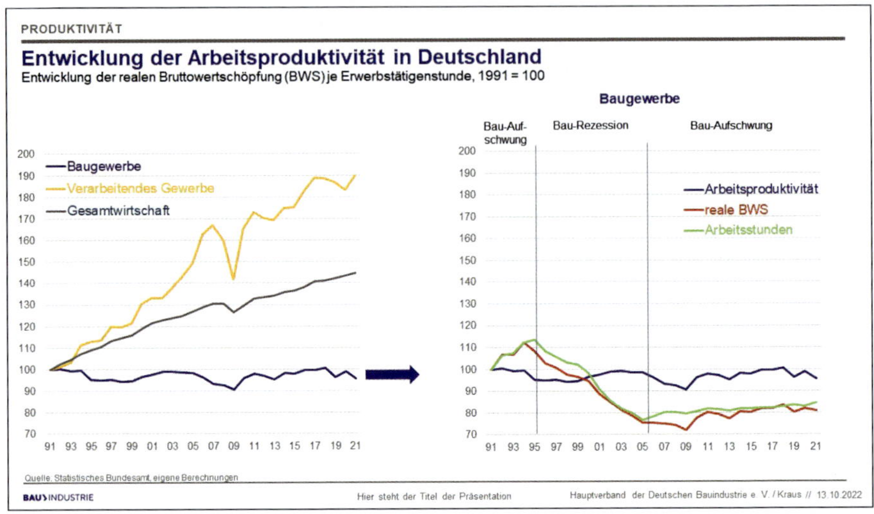

Quelle: Hauptverband der Deutschen Bauindustrie e. V./Statistisches Bundesamt

Bild 3-23: Entwicklung der Arbeitsproduktivität je Erwerbstätigenstunde

Um die Ursachen für diese Stagnation im Baugewerbe zu ergründen, ist eine Vielzahl an Themen zu reflektieren. Zum einen nimmt die Komplexität in Bauprojekten zu. Die Menge an Informationen und Einflüssen – aufgrund der Vielzahl an Projektbeteiligten, gesetzlicher und organisatorischer Rahmenbedingungen – nimmt zu. Die Vielzahl an Projektbeteiligten vom klassischen Auftraggeber über Nutzervertreter, Planer bis hin zu den Behörden und der Öffentlichkeit kann zu Störungen durch Änderungen und zusätzliche Anforderungen führen. Hinzu kommt, dass eine baubegleitende Planung, wie sie heute in vielen Projekten nach wie vor faktisch umgesetzt wird, nur wenig Spielraum zulässt, Risiken aufgrund von Störungen zu eliminieren.

Ferner fehlt der Bauindustrie eine Art Produktionssystem, mit dem die Produktion – nichts anderes stellt ein Bauprojekt dar – geplant, gesteuert und fertiggestellt werden kann. Solch ein Produktionssystem stellt sicher, dass Produktionsprozesse stabil laufen und dass die Produktion erfolgreich ist. In diesem Zusammenhang sind die das Planen und Bauen begleitenden sozialen Prozesse als Teil des Produktionsprozesses zu beachten. Ein reibungsloser Ablauf ist erst gegeben, wenn ein gemeinsames Verständnis vom Bau- und Planungsablauf durch Zusammenarbeit und Transparenz besteht.

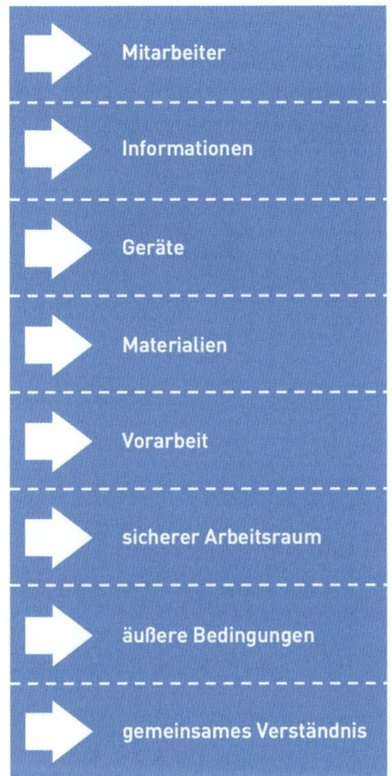

Quelle: refine Projects AG, 2018

Bild 3-24: Hauptflüsse für die Ausführung von Bauprojekten

Bau-Perfomance-Teams agieren in Teilen fragmentiert. Dies führt vermehrt zu transaktionalen Verträgen und eine „Project-First"-Haltung wird damit konterkariert. Diese „Silohaltung" führt oftmals zu Ineffizienz und Herausforderungen, auf welche wir im Kapitel 3.4.1 noch eingehen werden.

Die Coronapandemie werde den Wandel in der Bauindustrie beschleunigen, stellt eine aktuelle Studie von McKinsey fest, bestehende Trends wie Digitalisierung, neue Produktionsverfahren und Konsolidierung werden sich weiter beschleunigen. Projektabwicklungsmodelle müssen sich daher in höherem Maße dieser Herausforderung stellen, um nicht als Innovationsbremse, sondern als Treiber zu agieren.

3.3.7.2 Rollen im Team

High-Performance-Projekte werden durch Teams realisiert. Eine strukturgebende und ergebnisorientierte Rollenverteilung im Team ist notwendig, um die Gewissheit über ihre Zuständigkeiten und den Kontext und damit die notwendige Performance im Team sicherzustellen.

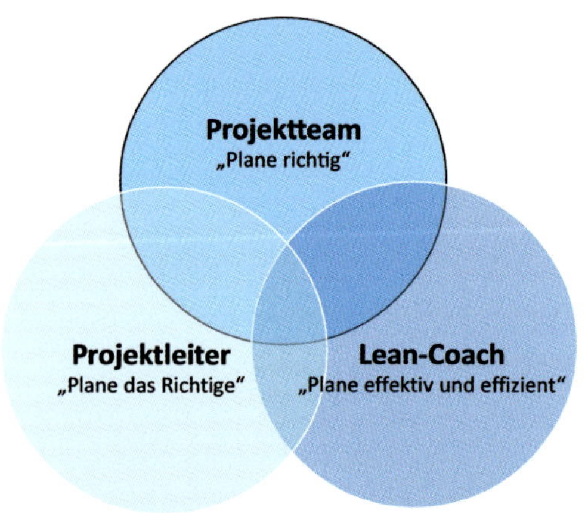

Quelle: refine Projects AG, 2018

Bild 3-25: Rollenverteilung Projektleitung, Performance-Team und Lean Coach

Mit drei wesentlichen Rollen können Klarheit geschaffen und alle relevanten Verantwortlichkeiten sichergestellt werden:

- Projektleitung: Die Projektleitung definiert bzw. kommuniziert die strategischen Vorgaben (klassische Projektziele in Anlehnung an Termine, Kosten und Qualitäten)
- Performance-Team: Das Performance-Team ist dafür zuständig, im Rahmen der strategischen Ziele entsprechend einschlägige Normen, Vorschriften etc. zu planen bzw. auszuführen
- Lean Coach: Der Lean Coach als der „neutrale" Manager des Teams stellt sicher, dass die Zusammenarbeit im Team funktioniert, d. h., er stellt die Umsetzung des Produktionssystems sicher

Jedes Teammitglied im Projekt trägt entscheidend zum Erfolg des Projektes bei und übernimmt eine entscheidende Schlüsselrolle. Erfolgsparameter sind die kontinuierliche Arbeit am Team und eine stabile Beziehung der Teammitglieder, die zur Konfliktlösung und Problembewältigung innerhalb des Teams beitragen können. Ein weiterer Erfolgsparameter zum kontinuierlichen Ausbau der Teambeziehung ist ein gefestigtes Vertrauensverhältnis innerhalb des Teams, geformt durch eine offene und ehrliche Kommunikation, Hilfsbereitschaft, eine offene Fehlerkultur und ein gemeinsames Wertesystem. Je stabiler das Team, umso leichter wird es, Probleme zu lösen und kurzfristige Umdisponierungen zu bewältigen. Allein High-Performance-Teams können High-Performance-Gebäude realisieren.

3.3.7.3 Phasen und Elemente der Umsetzung

Die Einführung von Lean Construction in Bauprojekten geschieht nicht von heute auf morgen. Vielmehr ist der Change-Prozess verbunden mit Veränderungen auf verschiedenen Ebenen, dazu gehören Leadership, Methodik und Prozesse. Dabei steht die frühestmögliche Befähigung des Performance-Teams im Vordergrund. Die Berufung eines klassischen „Vorturners“ in Form eines hart durchgreifenden Projektmanagers wäre hier aussichtslos.

Um den Change-Prozess und die Managementphilosophie, die sich hinter Lean verbirgt, nachhaltig zu implementieren, ist es wichtig, die Idee, das Ziel und das Warum der Umsetzung zu verinnerlichen. Die Umsetzung erfolgt in drei Phasen:

- Grundlagen
- Aufbau und Stabilisierung
- Coaching

Folgende Faktoren sind für eine erfolgreiche Umsetzung von Lean Construction in Groß- und Megaprojekten zu beachten:

a) Produktionssysteme

Bauprojekte sind Produktionen auf Zeit und benötigen ein Produktionssystem ähnlich der stationären Industrie bestehend aus: Kultur, Strategien, Prinzipien und Methoden (z. B. das Last Planner System). Produktionssysteme führen zu Stabilität in den Prozessen, Stabilität führt zu Sicherstellung der Qualität. Lean Construction in Planungs- und Bauprozessen stellt daher als Managementphilosophie ein mehrwert-orientiertes Handeln im Projekt sicher.

b) Faktor Mensch und gemeinsames Verständnis

Projekt(erfolg) ist das Ergebnis eines sozialen Prozesses. Neben herkömmlichen Faktoren wie Information, Material und äußeren Bedingungen ist ein gemeinsames Verständnis der machtentscheidende Faktor für die Umsetzung eines Prozesses.

c) **Kollaboration**

Nicht Daten sind der Rohstoff der Zukunft, sondern Vertrauen. Kooperation ergänzt mit einem hohen Maß an Vertrauen ergibt Kollaboration. Kollaboration ist der Treiber für Effektivität und Effizienz.

d) **Klare Ziele und Struktur**

Struktur in Form von klaren Projektzielen sowie einer sachgerechten Aufbau- und Ablauforganisation ist der gemeinsame Kompass in der Abwicklung.

e) **Vereinfachung**

Groß- und Megaprojekte sind komplex, Chaos ist hier quasi systemimmanent. Durch Vereinfachung (bspw. Prozessanalysen mit Moderationspapier, Post-its oder einem digitalen Whiteboard) wird der Planlosigkeit und Desorganisation vorgebeugt, Widerstände am Projekt werden reduziert und die Motivation wird gefördert.

f) **Technologie**

Technologie unterstützt dabei, aus Daten Informationen zu generieren sowie Prozesse zu beschleunigen und zu automatisieren. Dies entlastet und wertvolle Ressourcen werden geschont. Die mit Unterstützung der Technologie gewonnenen Informationen tragen dazu bei, Entscheidungen auf Basis besserer Grundlagen schnell und fundiert zu treffen.

Zur erfolgreichen Implementierung von Lean im Projekt bedarf es nicht nur der Einführung der Prinzipien und der Methoden, sondern einer grundlegenden Änderung der Denkweise und Einstellung aller beteiligten Führungskräfte und Mitarbeiter. Auch die Einstellung, Prozesse kontinuierlich zu verbessern, ist Grundlage und Grundhaltung bei der Implementierung von Lean. Dies erfolgt im Rahmen eines Workshops zur Kompetenzbildung.

Um das zu erreichen, werden verschieden Methoden eingesetzt. Wir hatten uns bereits mit der Frage beschäftigt, wie ein Produktionssystem basierend auf Lean Construction aussehen kann. Im Detail hierauf einzugehen, sprengt den Anspruch dieses Kapitels. Wir beschränken uns daher auf die wesentlichen Elemente eines solchen Produktionssystems.

1) Aufbau eines gemeinsamen Verständnisses über die Gesamtprozessanalyse

Im ersten Schritt wird ein gemeinsames Verständnis über die Projektziele und die Projektablaufstrategie hergestellt. Nur so können Unklarheiten aufgrund eines unterschiedlichen Verständnisses bzw. aufgrund von unterschiedlichen Interpretationen reduziert werden.

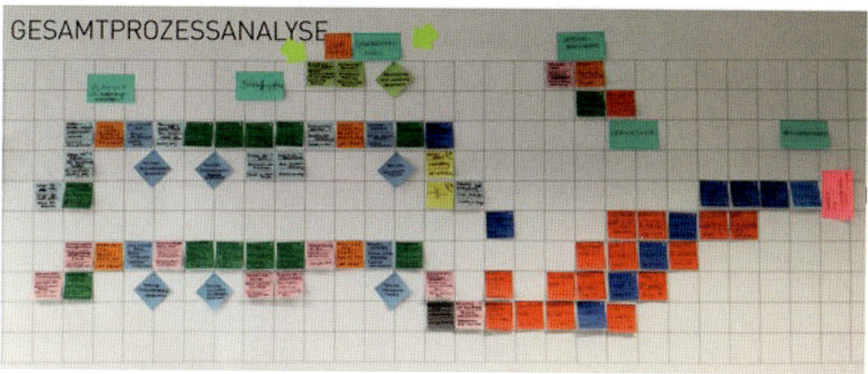

Quelle: refine Projects AG, 2018

Bild 3-26: Gesamtprozessanalyse

Im Rahmen der Gesamtprozessanalyse wird der spezifische Projektlieferprozess definiert und die Abhängigkeiten zwischen Teilprojekten, Prozessphasen und Prozessschritten sind zu identifizieren. Eine zeitliche Betrachtung von Dauer oder Fristen erfolgt hier noch nicht, da nur so ein klares Prozessverständnis zustande kommt.

2) Schnittstellenidentifikation über eine Meilenstein- und Phasenplanung

Im Rahmen der Meilenstein- und Phasenplanung wird die Projektlieferlogik auf die Zeitachse übertragen und im Zuge dessen werden Schnittstellen sowie Übergabepunkte definiert.

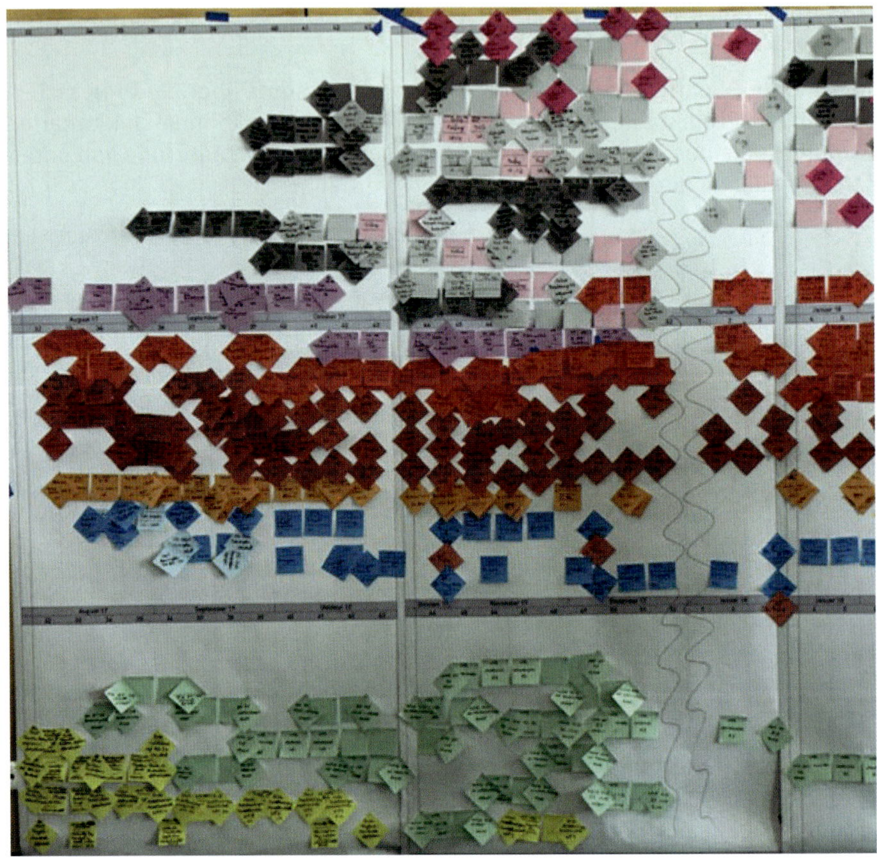

Quelle: refine Projects AG, 2019

Bild 3-27: Meilenstein- und Phasenplan

Ziel hierbei ist es, eine zeitliche Leitplanke für die Produktion aufzustellen sowie Hindernisse und Risiken zu überprüfen und das Verständnis über den Produktionsablauf zu vertiefen.

3) Detailproduktionsplan erstellen

Der Meilenstein- und Phasenplan ist noch nicht geeignet, um eine detaillierte Produktionsplanung und insbesondere -steuerung zu gewährleisten. Dies erfolgt anhand eine kurzzyklischen 4- bis 6-Wochenvorschau.

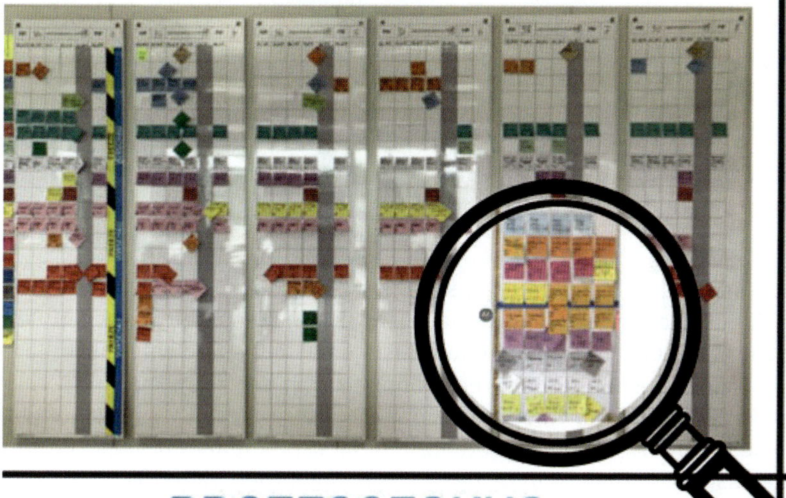

Quelle: refine Projects AG, 2018

Bild 3-28: Wochenvorschau

Ziel ist es, auf Basis der Gesamtprozessanalyse und des Meilenstein- und Phasenplans die messbaren Produktionsprozesse auf Tagesbasis zu planen und hierbei die Hauptflüsse zu überprüfen.

Alle drei Elemente des Produktionsplans werden im Rahmen eines gemeinschaftlichen Abstimmungsprozesses „Schulter an Schulter" aufgesetzt. Der Detailproduktionsplan wird als rollierender Plan jede Woche evaluiert und fortgeschrieben, dies stellt eine Verstetigung der Prozesse und einen kurzzyklischen Kaizen-Prozess sicher.

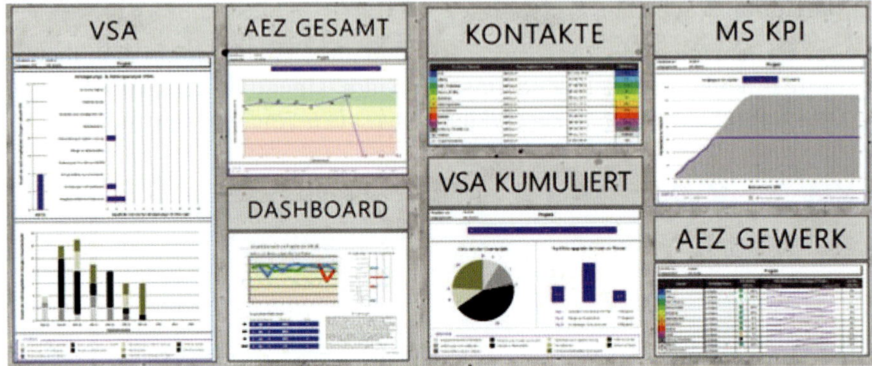

Quelle: refine Projects AG, 2018

Bild 3-29: Produktionstafel mit Kennzahlen

Diese Art von Produktionsplanung benötigt eine Kollaboration der beteiligten Akteure. Kollaboration ist die Mitarbeit bzw. Zusammenarbeit zwischen Personen oder Gruppen von Personen auf Basis eines engen Vertrauensverhältnisses und eines gemeinsamen Verständnisses für das Projekt, die Methoden und das Ziel. Kollaboration geht über die vertraglichen Verpflichtungen hinaus und erfordert von allen Beteiligten ein Verständnis für Lean. Performance-Teams sind bei einer derartigen Zusammenarbeit vielfältigen Herausforderungen ausgesetzt, da nach wie vor traditionelle Denk- und Verhaltensmuster die Projektarbeit dominieren. Eine ausgeprägte Silodenkweise, bei der die eigenen Interessen zulasten des Teams verfolgt werden und Transparenz zugunsten eigener Vorteile verhindert wird, blockiert das kollaborative Arbeiten.

Um diesen Veränderungsprozess in der Branche und in den Projekten zu meistern – über die Kooperation hinaus zur Kollaboration und High Performance –, werden Workshops und regelmäßige Produktionsbesprechungen mit Moderatoren (und nicht durch die Projektleitung) geführt, da die Moderatorenrolle Neutralität sicherstellt und eine Querschnittsfunktion übernehmen muss. Meistens füllen Projektleiter selbst inhaltliche Rollen aus und können daher nicht unvoreingenommen die neutrale Moderatorenrolle übernehmen.

Zudem ist es ratsam, das mit Megaprojekten betraute Performance-Team um „innovative" Positionen zu erweitern. Wirtschaftspsychologen etwa sind in der Lage, jedes Teammitglied entsprechend seiner Persönlichkeit zu fördern und das Team mit Beobachtungen und Feedbackschleifen zu High Performance zu leiten.

4) Herausforderungen und Chancen

a) Herausforderungen

Lean Construction ist mit seiner nachhaltigen, ressourcenschonenden und menschenorientierten Grundausrichtung zukunftsweisend. Um zukunftsfähig zu sein, müssen sich in der Baubranche der Fokus und die Einstellung grundlegend ändern. Neben der Etablierung eines kollaborativen Wertesystems bedarf es der Implementierung eines Produktionssystems. Die Technologie dafür ist vorhanden, entscheidende Faktoren für diesen Evolutionsschritt sind das Mindset und die Haltung der Akteure in der Baubranche. Oft wird an veralteten Strukturen festgehalten und die Einstiegsbarriere für die moderne Herangehensweise durch eine ablehnende Haltung erhöht.

b) Chancen

Mit der erfolgreichen Implementierung von Lean und nach der vollständigen Entwicklung des Performance-Teams zu einem High-Performance-Team werden nicht nur Projektziele erreicht, sondern nachhaltige Werte geschaffen und nachhaltig gewirtschaftet. Lean ist kein Tool, sondern eine Lebensphilosophie. Das Wissen, die Denkweise und die Herangehensweise werden alle Projektbeteiligten weiter in neue Projekte tragen und sie werden langfristig davon profitieren. Entscheidend ist, dass bei Lean der Akteur im Fokus des Handelns steht. Die sozialen Komponenten werden als Treiber für das menschliche Miteinander genutzt, um das Performance-Team von innen heraus zu Höchstleistungen zu animieren. Somit ist eine Ressource geweckt, die in jedem Performance-Team und in jedem Projekt schlummert. Mit einer Zusammenarbeit, basierend auf Vertrauen, aktiver Kommunikation und Transparenz, kann ein Team, ursprünglich bestehend aus Einzelkämpfern, zusammenwachsen und im Projektverlauf über sich hinauswachsen, das ist die große Chance von Lean Construction.

3.3.8 Lean Construction in ein laufendes Projekt integrieren

Lean Construction in ein laufendes Projekt zu integrieren, birgt mehr Herausforderungen und Startbarrieren als ein Einsatz bei Projektstart. Ein laufendes Projekt hat immer eine Vorgeschichte, welche im Zuge einer Bestandsaufnahme eruiert werden muss. Die Projektanamnese dient dazu, möglichst viele Informationen über die Projekthistorie in Erfahrung zu bringen. Erst im Anschluss an die Analyse kann eine Lösungs- und Kostenanalyse erfolgen. Neben Fragen zum aktuellen Projektstand, Planung, Kosten und Fristen müssen auch die weichen Bestandteile der Projekthistorie in die Anamnese aufgenommen werden, um die Ausgangssituation exakt zu definieren. Hier sind Fragen zum Teamklima, zu internen Konflikten, zum Stimmungsbarometer, Projektverständnis und zu Kommunikationsgepflogenheiten zu stellen. Für die Lösung von Problemen ist die Art und Weise der Entstehung von Bedeutung, weshalb eine tiefgründige Anamnese entscheidend für den weiteren Projektverlauf und das weitere Vorgehen ist. Bereits mit der Anamnese stößt die Integration auf die ersten Herausforderungen. Sollte es in der Projektvergangenheit zu internen Konflikten zwischen Projektbeteiligten gekommen sein, muss zuerst eine vertraute Atmosphäre geschaffen werden, welche die Projektbeteiligten dazu einlädt, wahrheitsgetreue Aussagen zu machen. Vertrauen ist auch der Rohstoff, auf dem eine weitere Zusammenarbeit basieren soll. Daher kann es sinnvoll sein, das Team zu einer gemeinsamen Mediation einzuladen. Durch den Einsatz von Lean Construction kommt etwas Neues in das Projekt. Oft liegt es in der Natur des Menschen, Neuem mit einer gewissen Vorsicht und Skepsis zu begegnen. Wobei wir zu einer weiteren Herausforderung kommen. Als „Gewohnheitstier" sympathisiert der Mensch tendenziell mit dem Status quo, genauer gesagt mit dem Festhalten an Gewohnheiten und Schemata. Dinge, die in der Vergangenheit getan und für richtig befunden wurden, werden weitergeführt, ohne deren Sinnhaftigkeit infrage zu stellen. Bei der späten Integration von Lean Construction, einer Philosophie, die den Status quo hinterfragt, kommt es immer wieder zu einer mangelnden Bereitschaft bei einigen Projektbeteiligten, dem „Neuen" eine Chance zu geben. Bei der Lean-Construction-Integration in einem laufenden Projekt ist immer wieder am deutlichsten erkennbar, wie entscheidend in jeder Hinsicht das Performance-Team für den Erfolg des Projektes ist. Neben der Anamnese ist daher zu prüfen, ob die bestehende Projektkultur mit Lean kompatibel ist und wenn nicht, wird diese im Zuge der Integration eingeführt. Mit Einführung einer Projektkultur geht auch eine Weiterentwicklung im Performance-Team einher. Aus Einzelkämpfern wird ein Team mit einem stark ausgeprägten Wir-Gefühl, aus Abläufen werden Rituale und aus einem Projekt eine Mission.

3.3.9 Rechtliche Rahmbedingungen

Die rechtlichen Rahmenbedingungen für Lean Construction können in Parallele zum rechtlichen Rahmen der BIM-Methodik betrachtet werden. In beiden Fällen werden auftraggeberseitig methodische Vorgaben getätigt, die nicht so recht zum Werkvertragsmodell (Start und Ziel werden in der Leistungsbeschreibung beschrieben und bei der Abnahme als Werkefolg geprüft, jedoch der Weg vom Start zum Ziel bleibt dem Unternehmen überlassen) passen wollen. Insofern sind auch hier die zur Auftragsvergabe (bei öffentlichen Auftraggebern mit Bekanntmachung) zur Kenntnis zu bringenden Auftraggeber-Lean-Anforderungen (ALA) zu definieren, da diese zur Kalkulation und Eignungsprüfung seitens des Auftragnehmers erforderlich sind. Optimal ist die Aufnahme der ALA in einem gesonderten Dokument analog zur Aufstellung der AIA. Hinzu treten dann die besonderen Vertragsbedingungen für Lean-Construction-Leistungen (LC BVB), indem bspw. die Verhaltensweisen in Bezug auf die Abgleichung der Taktplanungen, die Teilnahme an den regelmäßigen Arbeitssitzungen für das LC-Prozessmanagement mit qualifiziertem Personal, Weisungsrechte, Formerfordernisse etc. festgehalten werden. Da es zwingend erforderlich ist, die Lean-Construction-Anforderungen für alle am Bau Beteiligten, also für das gesamte Performance-Team, einheitlich zu regeln, und da die Lean-Construction-Methodik noch nicht zum Standard in der Bauwirtschaft avanciert ist, ist es am zweckdienlichsten, besondere Vertragsbedingungen aufzusetzen und sie jeweils z. B. mit den ALA an sämtliche Verträge anzufügen.

Da durch die Beschreibung der LC-Methodik die Auftragnehmerwahl der Ausführungsweise zumindest auf Planungsebene verstärkt reglementiert wird, liegt auf der Hand, dass es sich um einen kalkulatorischen Eingriff handelt. Er ist somit transparent darzustellen. Erhöhte Anforderungen, die sich aus dem Projekt ergeben, sind entsprechend nachtragsrelevant und es sollten somit Vergütungsanpassungsmechanismen für diese Variante vorgesehen werden, ähnlich wie es bei BIM-Leistungen der Fall ist.

Grundsätzlich ist es empfehlenswert, den LC-Prozess durch Fachleute steuern zu lassen. In abgeschwächter Form kann dies zum Beispiel auch durch Planer erfolgen. Dabei sollte man sich jedoch gewahr sein, dass z. B. die differenzierte und detaillierte Termin-, Kapazitäten- und Kostenplanung eine Besondere Leistung darstellt (vgl. Anlage 10 der HOAI, Leistungsphase 8).

3.4 BIM to Lean Construction

3.4.1 Kollaboration – was steckt dahinter

Um zu verstehen, warum die Kollaboration in Projekten nicht nur elementar, sondern erfolgsentscheidend ist, muss zuerst die Bedeutung von Kollaboration verstanden werden. Generell werden der Lean Construction die beiden Begriffe Kooperation und Kollaboration zugewiesen. Eine Kooperation ist eine oft zeitlich begrenzte, interorganisationale Beziehung zwischen Projektbeteiligten, die allgemein nicht mit einer Vision oder Mission verbunden ist. Dies führt zu einer getrennten Projektorganisation mit eigenständigen Strukturen, wobei die Projektkultur auf Kontrolle und Koordination basiert, um Probleme selbstständig zu lösen und um den Wert der eigenen Organisation zu maximieren. Eine Kooperation ist also mehr eine zweckgebundene Zusammenarbeit auf Zeit. Unter Kollaboration hingegen verstehen wir ein Wertesystem, in dem individuelle Gruppen gemeinsam eine Bestrebung teilen, sich gegenseitig unterstützen, um diese zu erreichen, und auf dem Weg der Zielerreichung persönlich und gemeinschaftlich wachsen. Eine Kollaboration geht also über eine temporär befristete Zusammenarbeit zur Zielerreichung hinaus und unterscheidet sich gegenüber der Kooperation fundamental in der nachhaltigen Weiterentwicklung und Werteentwicklung jedes an der Kollaboration Beteiligten.

Kollaboration korreliert stark mit den „weichen" Eigenschaften. Vertrauen, Kommunikation, Engagement, Wissens- und Informationsaustausch sind starke Faktoren in der Zusammenarbeit. Teilnehmer einer Kollaboration agieren mit hoher Transparenz. Zusammenfassend ist Kollaboration eine interorganisationale Beziehung mit einer gemeinsamen Vision, um eine gemeinsame Projektorganisation mit einer gemeinsam definierten Struktur und einer neuen und gemeinsam entwickelten Projektkultur zu schaffen, die auf Vertrauen und Transparenz basiert, mit dem Ziel, gemeinsam den Wert für den Kunden zu maximieren, indem Probleme gemeinsam durch interaktive Prozesse, die gemeinsam geplant werden, gelöst werden und indem Verantwortlichkeiten, Risiken und Honorierung zwischen den Hauptakteuren geteilt werden. Was sich in der Theorie schlüssig und einfach anhört, gestaltet sich in der Praxis herausfordernd.

3.4.2 Voraussetzung für kollaborative Ansätze

Um Raum für kollaborative Ansätze zu schaffen, müssen gewisse Voraussetzungen gegeben sein. Grundvoraussetzung und Ausgangsbasis für jede Kollaboration ist die Bereitschaft aller Beteiligten. Die Bereitschaft, die persönliche Komfortzone zu verlassen, Transparenz zuzulassen, Kritik anzunehmen und Fehler zuzulassen und einzugestehen. Eine weitere Voraussetzung ist ein gemeinsames Projektverständnis im Team. Hierzu müssen Werte und Ziele, Rollen und Prozesse klar artikuliert und definiert werden. Erst wenn alle Projektbeteiligten „dieselbe Sprache sprechen" und eine einheitliche und klare Vorstellung von Vision und Mission des Projektes teilen, ist eine fruchtbare Ausgangssituation für Kollaboration geschaffen. Der Einsatz von Software, Maschinen und neuester Technologie hat Abläufe auf Baustellen vereinfacht und vieles ermöglicht. Dennoch sind bis zu 30 % der Arbeiten auf Baustellen Nacharbeiten, welche mit Kosten für Materialien und Arbeitszeit verbunden sind und vermeidbar wären, wenn das Performance-Team richtig funktionieren und kollaborieren würde. Der Faktor Mensch ist der Schlüssel zum Projekterfolg.

3.4.3 Umsetzung kollaborativer Ansätze

Die Umsetzung von kollaborativen Ansätzen bis hin zur Entwicklung eines kollaborativen Performance-Teams ist ein Reifeprozess, der ständige Pflege erfordert. In regelmäßigen Besprechungen und Kompetenzbildungs-Workshops werden gemeinsam klare Teamziele festgelegt und Verhaltensregeln in Form von Teamgrundsätzen definiert. Wichtig hierbei ist, dass alle Projektbeteiligten in die Workshops und Besprechungen eingebunden werden. Durch einen Meilenstein- und Phasenplan sind alle lang- und mittelfristigen Ziele für das Team visuell und transparent dargelegt. Kurzfristige Ziele werden in einer wöchentlichen PEP-Besprechung thematisiert und durch farbliche Zuordnung werden Verantwortlichkeiten und Prozesse geplant. Die offene Kommunikation sowie der wöchentliche Informationsaustausch schaffen Transparenz und einen einheitlichen Wissensstand über Änderungen, Fortschritte und den allgemeinen Projektstand.

Genauer gesagt zeichnen sich Hochleistungsteams aus durch

- klar artikulierte Werte und Ziele, Rollen und Prozesse,
- gemeinsame Verantwortung aller Mitglieder,
- offene Kommunikation und Informationsaustausch,
- partizipative Entscheidungsfindung,
- schnelle Reaktion auf Veränderungen im internen und externen Umfeld.

3.5 Konfliktlösung am Bau

3.5.1 Einführung

Wohl kein Tätigkeitsbereich – Produktion und Wertschöpfung – ist so konfliktbeladen wie das Bauen. Streitigkeiten sind an der Tagesordnung. Aufgrund der Komplexität der Sachverhalte, sowohl kaufmännisch, baubetrieblich als auch technisch, sind die ordentlichen Gerichte in erheblichem Umfang – leider – nicht zur zügigen Abarbeitung dieser bei Gericht gelandeten Streitigkeiten, meist komplexer Natur, imstande.

Obwohl die Justiz mittlerweile an den Landgerichten, die aufgrund des Streitwertes in der Regel die Eingangsinstanz für baurechtliche Streitigkeiten sind,

Baukammern eingerichtet hat, die fachlich in der Lage sein sollen, derartige Streitigkeiten schnell und gut zu lösen, werden in der Praxis immer noch die zu lang dauernden Verfahren und die oft nicht verlässlich prognostizierbaren Entscheidungen beklagt. Woran liegt das? Zum einen an der latent beklagten Überarbeitung der Richter, zum anderen aber auch an dem überkommenen Selbstverständnis der Justiz, die glaubt, dass jeder Richter in seiner Laufbahn alles zu entscheiden und zu bearbeiten in der Lage sein muss. So sind die Richter in den seltensten Fällen über einen längeren Zeitraum, über Jahre oder Jahrzehnte, an den Baukammern in diesen Spruchkörpern tätig. Vielmehr findet ein zu schneller Wechsel statt, nicht nur innerhalb der einzelnen Rechtsgebiete des Zivilrechts, sondern auch zwischen Zivil- und Strafrecht usw.

Baurecht ist ähnlich dem Arbeitsrecht eine Materie, der häufig nicht allein rein rechtlich begegnet werden kann, weil viele Probleme interdisziplinärer Natur sind und auch nur interdisziplinär richtig erfasst werden können. Zudem bedarf es im Baurecht einer fast schon jahrzehntelangen Erfahrung, um Wichtiges von Unwichtigem, Rechtliches von Technischem usw. unterscheiden zu können. Verfügt ein Entscheider über ein derartiges Erfahrungspotenzial und weiß er, was er zu leisten vermag und wo er fachkundige Hilfe Dritter benötigt, sind auch komplexe Baustreitigkeiten in der Regel in fünf, sechs „Big Points“ aufteilbar. Damit können dann auch scheinbar unendlich verwobene Streitigkeiten in relativ kurzer Zeit einer guten Lösung zugeführt werden.

Warum gibt es überhaupt Konflikte im Bau?

Die Antwort ist relativ einfach: Das Werkvertragsrecht des BGB basiert auf einem Antagonismus der Interessen. Der eine (Auftraggeber) will in der Regel möglichst viel an Leistungen und möglichst wenig dafür vergüten, der andere (Bauunternehmer) will möglichst viel an Vergütung und möglichst wenig dafür leisten. Das ist zugegebenermaßen überspitzt ausgedrückt, aber zeigt das Dilemma, dass die Interessen, vor allen Dingen in puncto Gewinn, diametral und nicht nebeneinander laufen. Soweit also ein Unternehmer Mehrkosten beansprucht, geht dies in der Wahrnehmung des Auftraggebers automatisch zulasten seines Gewinnanteils und umgekehrt.

Vor dem Hintergrund gab es seit der Industrialisierung, seit Einführung der Normen, der VOB/B und mit dem BGB immer wieder wechselseitig Abgrenzungen, um den Ausgleich zwischen den Interessen zu schaffen.

So gab es zu Beginn des 20. Jahrhunderts eine Phase, in der die Bauunternehmen – aus einer Hand (!) – auch die Planung ausführten, etwas, das heutzutage allmählich wieder Einzug in die Praxis hält (Mehrparteienverträge und/ oder Totalübernehmerverträge). In den 30er-Jahren des letzten Jahrhunderts wurde der Planende, der Architekt, immer mehr in das Lager des Auftraggebers gezogen und wurde bald der dritte Akteur bei der Abwicklung von Bauvorhaben, meist auf der Seite des Auftraggebers, als Sachwalter seiner Interessen. Wie kam es dazu? Der Auftraggeber misstraute dem einheitlichen Produktangebot des Unternehmers (Planung und Ausführung) im Hinblick auf Kosten etc. und deshalb setzte er den Planer als seine Kontrollinstanz ein. Dies stellte sich aber nicht als das Allheilmittel heraus. Vielmehr wurde dadurch eine zusätzliche Schnittstelle geschaffen, die wiederum Konflikte auslösen konnte.

Mit der Planung des Baus ist zumeist die bauliche Ausführung von Unikaten verbunden, sodass der Herstellungsprozess (Planung und Ausführung) nicht wie bei einer Fließbandproduktion von anderen Produkten, etwa Automobilen, vorhergesagt, verfeinert und vor allen Dingen im Vorfeld festgelegt und damit von den Kosten und Terminen stabilisiert und gesichert werden kann.

Die auch in diesem Buch beschriebenen Methoden des Lean Managements versuchen das zwar. Letztlich können daraus aber keine Automatismen für alle Arten von Bauten abgeleitet werden, weil jedes Unikat seine eigenen Probleme und Tücken hat. Freilich können durch Lean Management, kooperatives Handeln etc. die üblichen Verschwendungen und das übliche Verschleißen von Ressourcen, wozu auch die menschliche Ressource gehört, für alle Arten von Projekten minimiert werden. Wenn das erreicht wird, ist bereits viel gewonnen.

Aufgrund der ein Jahrhundert alten Konfrontationssituation zwischen Auftraggeber und Bauunternehmer hat sich bei den Beteiligten eine Haltung etabliert, die nur sehr schwer aufzulösen ist. Trotz allem IT-Einsatzes ist der Mensch bei arbeitsteiligen Herstellungsprozessen wie dem Bauen immer noch der wichtigste Faktor. Soweit die Haltung zwischen den Akteuren harmonisiert, d. h., solange die Interessen anderer wahrgenommen und gemeinsam Lösungen entwickelt werden, sind diese zu einer kooperativen Zusammenarbeit fähig und können Konflikte häufig jenseits der Verträge und staatlichen Gerichte lösen. Das setzt ein hohes Maß an Vertrauen, Erfahrung, aber auch Loyalität zum eigenen Arbeitgeber voraus. Kooperatives Handeln darf nicht mit Täuschung zum Nachteil des eigenen Dienstherrn verwechselt werden.

In den letzten zwei Jahrzehnten haben auch die Bauvertragsparteien Zug um Zug erkannt, dass sie an dem herkömmlichen Status quo der konfrontativen Verträge und der konfliktbeladenen Bauausführung nicht mehr festhalten sollten, weil damit ein erhöhter Aufwand und häufig unnötige Kosten verbunden waren. Zudem brachte dieses Verhalten auch die Branche in Verruf der Wahrnehmung.

Entscheidend für den langsamen Paradigmenwechsel sind jedoch die Friktionskosten der konfliktbeladenen Ausführungen einschließlich der konfliktbeladenen Nachlaufzeiten, nach Abnahme und Projektbeendigung, etwa durch jahre- bzw. jahrzehntelange Prozesse vor den ordentlichen Gerichtswegen, bei denen sich nach endgültigem Ausgang keine der Parteien als Sieger fühlen darf.

3.5.2 Bisherige Konfliktlösungswege

In Deutschland gab es bislang nur die Konfliktlösung durch staatliche Gerichte – das ordentliche Streitverfahren mit dem vorangestellten Güteverfahren. In diesem Verfahren versucht der Spruchrichter der Streitkammer, zunächst in einem Gütetermin eine einvernehmliche Lösung, also einen Vergleich, zu finden. Wenn das scheitert, geht dieser Gütetermin in der Regel direkt in die streitige Verhandlung über und das ordentliche Gerichtsverfahren nimmt seinen Lauf.

Die gerichtliche Mediation kann im Streitverfahren, meist zu Beginn, durch den Streitrichter angeboten werden. Der Mediationsrichter wird dann eine Mediation im Gericht durchführen. Scheitert diese, geht die Sache wieder an die Streitkammer. Die Erfolgsaussichten bei Mediationen an staatlichen Gerichten sind gut. Häufig können die Konflikte durch die auf Mediation und Mediationstechnik gut ausgebildeten Richterinnen und Richter in ein oder zwei Sitzungen durch Vergleich entschieden werden. Die Verfahren vor den Mediationsrichter sind formloser als vor der Streitkammer. Die Parteien erhalten ausreichend Gelegenheit, ihre Sicht der Dinge darzustellen. Anwälte können, müssen aber nicht teilnehmen. Da der Mediator ein Richter, also ein ausgebildeter Jurist ist, ist er auch in der Lage, rechtlich saubere Vergleiche zu diktieren und zu formulieren, die im Falle der Nichterfüllung auch ohne weiteren Klärungsbedarf vollstreckbar sind.

Wenn eine Mediation scheitert, darf dieser Umstand das ordentliche gerichtliche Streitverfahren nicht belasten. Deshalb ist, anders als beim Güterichtertermin, der die Sache streitig entscheidende Richter eine andere Person als der mit der Mediation beauftragte Richter. Der Mediationsrichter ist gehalten, nicht mit dem Streitrichter über die Mediation zu sprechen, insbesondere nicht, wenn sie scheitert. Denn den Parteien in der Mediation muss es ohne Gefahr möglich sein, in einem geschützten Raum Dinge zu erzählen, die ihnen auch zum Nachteil gereichen könnten. Der Schutz der Vertraulichkeit, nämlich dass Äußerungen aus dem Mediationsverfahren von keiner der Parteien in das streitige Verfahren hineingetragen werden können, ist für den Erfolg solcher Gerichtsmediationen wie auch der Mediation generell, also auch der außergerichtlichen Mediation, entscheidend.

Durch die Novelle des Bauvertragsrechts wurde für Streitende zur Ausführungsphase die Möglichkeit geschaffen, bei Nachtragsstreitigkeiten gewisse Sachverhalte im Wege der einstweiligen Verfügung, § 650d BGB, durch staatliche Richter zumindest vorläufig entscheiden zu lassen. Nach anfänglichem Zögern begann eine vorsichtige Praxis der Lösungsversuche über eine einstweilige Verfügung nach § 650d BGB. Der Gesetzgeber hat versucht, einen Ausweg aus einem Dilemma zu weisen. Allerdings sind die meisten in diesem einstweiligen Verfügungsverfahren vorgetragenen Streitigkeiten derart komplex, dass die ordentlichen Gerichte sich überfordert sehen, aus ihrer Sicht vernünftig und nachhaltig im Sinne einer Beständigkeit der Entscheidung vorzugehen. Das hat zur Folge, dass die ordentliche Gerichtsbarkeit die Anwendbarkeit des § 650d BGB immer mehr beschränkt. So etwa können bauzeitliche Nachträge und deren vorläufige Regelungen im einstweiligen Verfügungsverfahren, die auf Anordnung des Auftraggebers beruhen, nicht mehr geltend gemacht werden und fallen aus dem Anwendungsbereich des § 650d BGB heraus, weil die Anordnungsrechte des neuen Bauvertragsrechts im BGB, § 650b BGB, bauzeitliche Anordnungen des Auftraggebers nicht erfassen würden. Somit erscheint es fraglich, ob die vorläufige Lösung von Konflikten durch ordentliche Gerichte im Wege der einstweiligen Verfügung für Entspannung sorgen wird. Die Prognose fällt allerdings negativ aus.

Weitere Konfliktlösungswege gibt es am Markt der deutschen Gerichtsbarkeit nicht.

In anderen Ländern, etwa England, gibt es schon seit den 50er- und 60er-Jahren des letzten Jahrhunderts wegen der enorm hohen Kosten von Streitverfahren vor Gerichten die Figur des sogenannten Construct Engineers. Das ist ein Ingenieur, der während der Baumaßnahme im Auftrag beider Parteien als Schlichter und Entscheider tätig wird.

3.5.3 Außergerichtliche Konfliktlösungsmodelle

3.5.3.1 Grundlagen

Sämtliche außergerichtlichen Konfliktlösungsmodelle haben zunächst für ihre Funktion eine Prämisse, die in der Praxis nicht unterschätzt werden darf:

Der Wille, d. h. die **Bereitschaft** beider Parteien zu einem außergerichtlichen Konfliktlösungsverfahren muss bestehen.

Soweit eine der Parteien keine Lösung anstrebt, gleich aus welchen Gründen, sind alle außergerichtlichen Konfliktlösungsverfahren zum Scheitern verurteilt. Dann muss tatsächlich durch ein staatliches Gericht aufgrund der Hoheitsgewalt durchentschieden werden.

Eine weitere Grundlage der außergerichtlichen Konfliktlösung bildet die **Autonomie** der Parteien. Die beteiligten Parteien bestimmen das Verfahren. Diese setzen die Schwerpunkte in jedem Verfahren der außergerichtlichen Konfliktlösung.

Ein weiteres Element ist die **Freiwilligkeit.**

Es kann niemand gegen seinen Willen gezwungen werden, ein außergerichtliches Konfliktlösungsverfahren zu betreiben (ganz wichtig!). Das Verfahren kann jederzeit beendet werden. Das heißt, soweit eine Seite, gleich aus welchen Gründen, an einem einmal begonnenen außergerichtlichen Konfliktlösungsverfahren nicht mehr beteiligt sein möchte, kann sie es verlassen. Aus Gründen des Grundrechtsschutzes darf niemand gegen seinen Willen dem gesetzlichen Richter entzogen werden, § 19 Abs 4 Grundgesetz. Das gilt auch für juristische Personen, also Gesellschaften, Artikel 19 Abs 3 Grundgesetz. Jeder hat Anspruch auf rechtliches Gehör in einem rechtsstaatlichen Verfahren, Art. 103 GG.

3.5.3.2 Mediation

Das freieste Verfahren für die Parteien ist das der Mediation. Die Mediation kommt aus dem angelsächsischen Bereich und hat zunächst in emotional stark besetzten Themen in Deutschland Einzug gehalten, etwa Familienstreitigkeiten, Erbschaftstreitigkeiten oder Nachbarstreitigkeiten. Grundgedanke der Mediation ist der, dass hinter jeder Position (des Beanspruchens oder Ablehnung) ein Interesse steckt. Der Ausgleich wird auf der Ebene der Interessen erzielt. Berühmtestes Beispiel: Zwei streiten sich um eine Orange. Das sind zwei gegensätzliche Positionen. Jeder beansprucht die Orange für sich. Wird hinter der Position nach dem Interesse für die Position gefragt und stellt sich heraus, dass der eine den Inhalt der Orange essen will, während der andere nur die Schale benötigt, weil er daraus eine Sonnenblume basteln will, kann der Konflikt der entgegenstehenden Positionen auf der darunter bzw. dahinter stehenden Ebene der Interessen gelöst werden. Der eine erhält das Fleisch der Orange, der andere die Schale. Das bedeutet für die Lösung des Konfliktes, dass anders als bei der ordentlichen Gerichtsbarkeit hier Win-win-Situationen möglich und sogar erwünscht sind. Durch die Lösung eines Konfliktes auf der Interessensebene ist keiner Sieger oder Verlierer. Geschäftsbeziehungen werden nicht – wie bei einem ordentlichen Gerichtsverfahren

– nachhaltig beschädigt. Man hat die Lösung außerhalb juristischer Parameter von Anspruchsnormen auf einer subjektiven Wahrnehmungsebene der Interessen gefunden. Die Lösung dieses Konfliktes ist nachhaltiger und für alle Seiten befriedigender als ein Urteil in einem streitigen Verfahren.

Die Technik der Mediation verläuft in mehreren Schritten. Zunächst wird der Konflikt herausgearbeitet, also die kritischen Streitpunkte. In einem nächsten Schritt wird das Interesse der jeweiligen Parteien für ihren Standpunkt zu ergründen versucht. Dabei wendet der Mediator die Technik des Paraphrasierens an, das ist die sachliche Wiederholung der empfangenen Botschaft mit eigenen Worten. Die Paraphrasierung filtert die emotionalen Anteile heraus und reduziert die Aussage auf den sachlichen Anteil. Das Ziel dabei ist, die Kommunikation auf eine sachorientierte Ebene zu lenken. Wenn der Mediant seinen Vortrag empathisch paraphrasiert wiederhört, tritt häufig ein erster Erkenntnisprozess bei ihm ein und umgekehrt kann der Mediator sicher sein, den Medianten auch richtig verstanden zu haben. Sowohl die Streitpunkte als auch die Herausarbeitung der Interessen und der Gründe, für die eine oder andere Position, werden auf einem Flipchart visualisiert. Die Visualisierung ist wichtig, damit den Streitparteien immer wieder sowohl der Inhalt ihres Streites als auch ihre Aussagen vor Augen geführt werden.

In der nächsten Stufe, nachdem die Interessen der Parteien in der vorhergehenden Stufe für ihren Standpunkt herausgearbeitet worden sind, beginnt die Lösungssuche mit den streitenden Medianten. Durch die Herausarbeitung versteht die eine Seite die andere Seite häufig besser. Das Paraphrasieren dient dem Verständnis und dem Aufbau einer guten Beziehungsebene.

Bei der Suche nach Lösungen gibt der „schwache“ Mediator nicht viel vor. Er lässt die Parteien die Lösung selbst entwickeln. Der „starke“ Mediator führt die Parteien in Richtung einer Konfliktlösung, da er bereits eine Vorstellung von dieser hat.

Sobald in dieser wichtigen Phase eine Lösung gefunden wurde, wird darüber im letzten Schritt eine Vereinbarung aufgesetzt.

Bei Baustreitigkeiten ist es zugegebenermaßen schwer, hinter den Positionen Interessen herauszuarbeiten, auf deren Ebene ein Ausgleich gelingt. Denn in der Regel sind Position und Interesse deckungsgleich, etwa nicht mehr zahlen zu müssen oder zu wollen.

In Baustreitigkeiten ist die Mediation dann ein gutes Tool, wenn der Streit in den sogenannten Grauzonen liegt, etwa bei bauzeitlichen Ansprüchen. In der Regel gibt es hier weder Schwarz noch Weiß. Das Gleiche gilt bei Streit um die Höhe von Nachträgen. Auch hier ist die richtige Berechnungsarithmetik nicht im Sinne eines Richtig oder Falsch fassbar. Das gilt auch im Bereich der Risikoübernahmen, die in den Verträgen oft nicht klar und eindeutig geregelt sind, oder in Fällen bestimmter Ereignisse, etwa bei Baugrundrisiken und/oder Ereignissen höherer Gewalt, wie etwa der Materialpreissteigerung als Folge des Krieges in der Ukraine.

3.5.3.3 Schlichtung

Die Schlichtung unterscheidet sich von der Mediation dadurch, dass der Schlichter den Parteien einen Vorschlag zur Güte unterbreitet. Diesen Vorschlag hat er entwickelt, nachdem er die Parteien angehört hat. Bei der Mediation soll der Lösungsvorschlag von den Parteien erarbeitet werden. Die Grenzen verschwimmen in der Praxis allerdings häufig.

Der Spruch des Schlichters, also der Vorschlag einer Lösung des Konfliktes, ist nicht bindend. Die Parteien können ihn annehmen oder nicht. Auf der Grundlage eines Schlichterspruches kann auch weiterverhandelt werden, mit oder ohne Schlichter, mit der Zielstellung, eine andere Lösung zu finden oder die vom Schlichter vorgeschlagene Lösung in bestimmten Punkten abzuändern.

3.5.3.4 Adjudikation

Die Adjudikation ist ein besonderes Thema. Wir haben oben bereits den in England gebräuchlichen Construct Engineer erwähnt, der nicht nur schlichtet, sondern zum Teil die Streitigkeiten auch entscheidet.

Manche Parteien, gleich aus welchen Gründen, wollen die Entscheidung eines Konfliktes durch einen Dritten und an der Findung dieser Entscheidung auch nur begrenzt mitwirken müssen.

Anfang der 2000er-Jahre fand die Idee der Adjudikation regen Zuspruch in der Baubranche.

Es wurde in der Diskussion unterschieden zwischen gesetzlich vorgegebener Adjudikation und privatrechtlich vereinbarter Adjudikation.

Bei einer gesetzlich vorgeschriebenen Adjudikation sollte vor Anrufung der staatlichen Gerichte zwingend ein durchzuführendes Adjudikationsverfahren vorgegeben sein, ansonsten solle eine Klage vor den ordentlichen Gerichten nicht zulässig sein. Das Verfahren der Adjudikation wäre damit in den wichtigsten Grundzügen gesetzlich vorgegeben.

Weshalb kam es nie zur Umsetzung einer gesetzlich vorgeschriebenen Adjudikation? Die Adjudikation sollte nicht auf Juristen beschränkt bleiben, sondern auch – wie beim angelsächsischen Vorbild – von Ingenieuren oder sonstigen Berufsgruppen ausgeübt werden dürfen. Es gab diverse Gutachten zur Verfassungsmäßigkeit der Adjudikation. Im Ergebnis konnte sich der Gesetzgeber nicht zu einer gesetzlichen, dem ordentlichen Gerichtsverfahren vorangehenden Adjudikation entschließen. Aus dieser Diskussion ist allein der Einschub in § 253 ZPO, wonach bei Abfassung einer Klageanschrift angegeben werden soll, ob vor Klageerhebung der Versuch einer Mediation oder eines anderen Verfahrens zur außergerichtlichen Konfliktbeilegung vorausgegangen ist, übriggeblieben.

Die privatrechtlich autonome Vereinbarung einer Adjudikation hat im Wesentlichen zum Inhalt, dass ein Dritter zur vorläufigen Entscheidung eines Konfliktes von beiden Parteien gemeinsam beauftragt wurde. Die Verfahren der Adjudikation sind in den Entwürfen verschiedenartig ausgeprägt. Entscheidend ist, dass zu einem festgelegten Zeitpunkt ein Adjudikator eine Entscheidung getroffen haben muss, die umzusetzen ist. Damit sind jedoch auch Probleme in der Praxis verbunden: Eine solche Entscheidung muss als Vergleich formuliert und vor einem Notar beurkundet werden, um einen vollstreckungsfähigen Titel zu erhalten. Soweit ein Ingenieur als Adjudikator oder ein Anwalt als Adjudikator eine Lösung entscheidet und schriftlich niederlegt, ist ein solches Ergebnis kein vollstreckungsfähiger Titel. Um nicht in jedem Fall einen Notar zwecks Titulierung eines Vergleiches aufsuchen zu müssen (auch ein Kostenthema), muss überlegt werden, wie solche Entscheidungen vollstreckungsfähig gemacht werden. Das geschieht in der Regel in Form von Malus-Regelungen, also durch Vertragsstrafen, die in Kraft treten, sobald eine Seite das Urteil missachtet und ignoriert.

Um dem Gebot der Rechtsstaatlichkeit zu genügen, ist der Spruch des Adjudikators nur vorläufig, das heißt, es steht jeder Partei frei, ihn nachfolgend vor Gericht prüfen zu lassen. Damit entsteht ein weiteres Dilemma in der praktischen Abwicklung: Wenn durch einen vorläufigen Spruch große Geldsummen ausgezahlt wurden, wer soll das Insolvenzrisiko tragen? Soll für den Fall einer gerichtlichen Nachprüfung der Begünstigte Sicherheiten stellen? Was geschieht zum Beispiel in Fällen des Streites um Verzug, wenn der Adjudiktor entschieden hat, dass der Unternehmer am Verzug „Schuld“ trägt und deshalb auf seine Kosten Beschleunigungsmaßnahmen zu ergreifen sind, und wenn sich später im Falle der gerichtlichen Überprüfung herausstellen sollte, dass doch der Auftraggeber die Verantwortung an der Terminüberschreitung trug? Aus der Umsetzung einer lediglich vorläufigen Entscheidung erwächst eine Vielzahl an Problemen. Zwar lassen sich die Probleme vertragsrechtlich lösen und gestalten, gleichwohl werden solche Verfahren durch die schriftliche Fixierung sehr aufgebläht und unübersichtlich. Wie beschrieben kann die Vorläufigkeit zumindest zu rechtlich falschen Entscheidungen führen. Bestimmte Maßnahmen können auch nicht mehr rückgängig gemacht werden. Hier ist allenfalls ein Ausgleich auf Sekundärebene, Schadensersatz etc., denkbar.

Aus den genannten Gründen hat ein Richter des BGH im Jahre 2020 Zweifel an der Rechtsstaatlichkeit der Adjudikation schlechthin geäußert (Jurgeleit, BauR 2021, 863 ff.). In der Folgezeit entstand eine Diskussion um die rechtsstaatliche Vereinbarkeit der Adjudikation. Ein Lösungsansatz war die Einordnung des Adjudikationsverfahrens als ein auf vorläufigen Eilrechtschutz ausgerichtetes, modifiziertes schiedsrichterliches Verfahren und ggf. inklusive der Aufnahme entsprechender Regelungen in der ZPO. Eine Vielzahl der mit der Adjukation verbundenen Probleme ist damit jedoch nicht ausgeräumt. Die Adjudikation ist in der praktischen Anwendung zurzeit auf dem Rückzug.

3.5.3.5 Schiedsgerichtsbarkeit

Die inzwischen schon traditionell zu nennende Methode, einen Konflikt außergerichtlich zu lösen, ist die der Vereinbarung einer Schiedsgerichtsbarkeit. Rechtsstaatliche Probleme stellen sich hier nicht. Zum einen sind die Schiedsrichter Juristen, zum anderen ist das schiedsrichterliche Verfahren in der ZPO, §§ 1025 ff., im Einzelnen geregelt und bietet daher Garantie für ein rechtsstaatlich geordnetes und vom Gesetzgeber anerkanntes Verfahren.

Das Schiedsgerichtsverfahren ist jedoch, da es dem ordentlichen Gerichtsverfahren angenähert ist, wesentlich umständlicher und auch im Ablauf langwieriger als die voran dargestellten außergerichtlichen Konfliktlösungsverfahren. Zunächst muss ein Schiedsgericht bestimmt werden. In der Regel hat jede Seite das Vorschlagsrecht für einen Beisitzer. Die Beisitzer einigen sich dann auf einen Vorsitzenden. Der Vorsitzende lässt ähnlich wie in einem ordentlichen Gerichtsverfahren vortragen, er beraumt Verhandlungen an usw. In der Regel versuchen die Schiedsgerichte natürlich, die Streitigkeiten durch einen Vergleich zu beenden. Wenn dies aber nicht gelingt, müssen sie eine Entscheidung treffen und schriftlich begründen. Diese Entscheidung ist nicht mehr durch ein ordentliches Gericht anfechtbar, da sie von Juristen getroffen wurde. Es gibt deutsche Schiedsgerichtsordnungen wie etwa die SOBau, SL Bau oder auch internationale Schiedsgerichtsordnungen, etwa ICC (International Chamber of Commerce) oder DIS (Deutsche Institution für Schiedsgerichtsbarkeit). Internationale Schiedsgerichtsordnungen werden gerne dann gewählt, wenn eine der Parteien ihren Sitz in einem Staat hat, in dem ein rechtsstaatlich geordnetes zivilrechtliches Verfahren nicht gewährleistet ist. In der Regel werden auch die zugrunde liegenden Rechtsordnungen international gewählt, etwa das Recht des Staates Kalifornien oder das Recht der Schweiz. Ferner wird auch der Sitz des Schiedsgerichtes festgelegt, etwa Paris oder Genf. International gibt es auch Vollstreckungsabkommen von schiedsgerichtlichen Entscheidungen.

National werden als außergerichtliches Konfliktlösungstool Schiedsgerichtsvereinbarungen eher begrenzt vereinbart. Die Verfahren sind annährend ähnlich aufwendig, umständlich und langandauernd wie ordentliche Gerichtsverfahren.

Der einzig wirklich bemerkenswerte Unterschied zum ordentlichen Gerichtsverfahren ist, dass sich die Parteien die Schiedsrichter aussuchen können. Damit ist gewährleistet, dass erfahrene und in der Sache und Rechtsmaterie kompetente Akteure zum Einsatz kommen. Das erhöht die Akzeptanz von derartigen Entscheidungen und erleichtert deren Nachvollziehbarkeit.

3.5.4 Regelungstechniken im Vertrag

Es gibt vielfältige Möglichkeiten, kooperatives Bauen vertraglich zu ermöglichen und von Projektbeginn an konfliktreduzierend zu wirken.

3.5.4.1 Klarheit

Die Dinge von vornherein beim Namen zu nennen und die Verantwortlichkeiten eindeutig und klar im Vertrag zu regeln, ist eine sinnvolle Methode zur Konfliktreduzierung.

Hauptgrund für eine überhöhte Preiskalkulation ist die Risikobewertung. Vorhandene und potenzielle Risiken, die vertraglich zu tragen sind, müssen einkalkuliert werden. Bei den Risiken ist zu unterscheiden zwischen solchen, die für alle Parteien unvorhersehbar und überraschend sind (etwa Pandemien und Kriegsereignisse) und solchen, deren Eintritt zwar nicht gewiss ist, aber mit einer gewissen Wahrscheinlichkeit möglich ist. Man kann die Eintrittswahrscheinlichkeit dieser bekannten Risiken schätzen, beispielsweise ob im Baugrund aufgrund der besonderen Lage des Grundstückes und seiner Geschichte mit Kampfmittelfunden zu rechnen ist oder nicht. Bei Erfassung der Risiken können die Verantwortlichkeiten vertraglich vereinbart werden, etwa dass der Auftraggeber bei Kampfmittelräumung die Kosten sowohl der Bergung als auch der zeitlichen Verzögerungen dadurch trägt.

Besonders problematisch in der Darstellung und der vertraglichen Regelung von Risiken ist das **Planungsrisiko**. Für den Unternehmer stellen sich Planungsrisiken mannigfach dar; zum einen aufgrund von Vollständigkeitsklauseln, wenn also der Planer des Auftraggebers versäumt hat, etwas aufzunehmen. Hat er die Planung dann innerhalb der vereinbarten Vergütung zu erbringen? Auch für bekannte Schnittstellen zwischen Entwurfs- und Ausführungsplanung, vor allen Dingen im Bereich der TGA (etwas Gewerk Elektro, VDI 6026 usw.), stellt sich die Frage, wer innerhalb welcher Planungsphase was übernimmt. Mit zunehmender Umsetzung und Praxis de BIM-Methode wird sich dieses Schnittstellenproblem erübrigen; nichtsdestotrotz ist es Sache des jeweiligen Auftraggebers die jeweils notwendigen BIM-Rollen und -Leistungen zuzuweisen.

3.5.4.2 Regelung der jeweiligen Pflichten

Ein wesentliches Momentum der Vertragsgestaltung ist die möglichst vollständige Regelung der Pflichten der Vertragsparteien. Das gilt insbesondere für die Bauherrenpflichten, die oft vernachlässigt werden. So findet sich in den meisten Verträgen keine klare Regelung zur Freigabe der Planung durch den Auftraggeber. Häufig ist allenfalls vereinbart, dass die Freigabe der Planung durch den Auftraggeber keine Verantwortungsübernahme für die Richtigkeit und/oder Vollständigkeit der Planung bedeutet. Dem Unternehmer ist es wichtig, dass nach Freigabe der Planung durch den Auftraggeber das Momentum der Planungssicherheit auch für die spätere Phase der Ausführung besteht. Das bedeutet, für den Unternehmer ist die Freigabe durch den Auftraggeber gleichzusetzen mit der Bestätigung des geschuldeten Bau-Solls. Das kann und soll dann auch entsprechend klar geregelt werden.

Da je nach Auftraggeberstruktur viele Besonderheiten gegeben sein können und jegliche Art von Konfliktlösung immer auch monetäre Auswirkungen hat und sie zugleich für alle am Projekt beteiligten gleichermaßen gelten sollen, macht es aus Transparenzgründen Sinn, die Regelungen zur Konfliktlösung nicht im jeweiligen Vertrag zu „verstecken“, sondern ein gesondertes Dokument für die Besonderen Vertragsbedingungen (BVB) zur Konfliktlösung an die Verträge anzufügen.

3.5.4.3 Gewinnverschränkungsklauseln

In manchen Vertragskonstellationen, etwa zwischen Projektentwickler und Generalunternehmer, gibt es sogenannte Gewinnverschränkungsklauseln, die vertragstechnisch als Bonus- und Malus-Regelung gestaltet sind. Sie sehen vor, dass, wenn eine Seite mehr Gewinn erzielt als ursprünglich prognostiziert und erwartet und die andere Seite weniger Gewinn erzielt als ursprünglich prognostiziert und erwartet, letztere Partei einen Ausgleich vom Gewinn der anderen Partei erhält, der aus steuerlichen Gründen als Bonus-

Regelung auf die Vergütung oder als Malus-Regelung auf die Vergütung des Unternehmers zu gestalten ist. Das bewirkt zumindest eine partielle Gleichschaltung der Gewinninteressen der Parteien, die sich ansonsten, wie in der Einführung dargestellt, diametral (unversöhnlich) gegenüberstehen würden. Das führt dazu, dass die eine Seite vielleicht einige Kostennachteile geringerer Art in Kauf nimmt, um letztlich mittelbar am Gewinn der anderen Seite zu partizipieren, wenn das Projekt erfolgreich verläuft. Der klassische Praxisfall wäre die Beschleunigung von Bauvorhaben, sodass der Bauherr den Endtermin einhalten kann, weil er seinerseits gegenüber Käufern und/oder Mietern in der Einstandspflicht ist und so sein geplanter Gewinn realisierbar bleibt. Ansonsten wären im Falle der verspäteten Fertigstellung erhebliche Abzüge von seinem Gewinn durch Vertragsstrafe etc. zu erwarten. Voraussetzungen für die Anwendung von Gewinnverschränkungsklauseln sind die völlige Transparenz und Offenlegung der jeweiligen Gewinnkalkulationen und Gewinnerwartungen der Parteien.

3.5.4.4 Verfahrensregelungen für die außergerichtliche Konfliktlösung

Empfehlenswert ist es, den Konflikt auf zwei Ebenen anzugehen: Zunächst ist die interne und autonome Konfliktlösung anzustreben, um dann die externe Konfliktlösung unter Einbeziehung eines Dritten durchzuführen. Die interne Konfliktlösungsvariante kann zweistufig erfolgen, auf Arbeitsebene und nachfolgend auf Geschäftsführungsebene. Die externe Konfliktlösung kann vorsehen, dass ein Mediator und/oder Schlichter oder auch vorläufiger Entscheider die Sache regeln soll, nachdem die Versuche zur internen Konfliktlösung auf beiden Ebenen nicht gefruchtet haben. Man kann die Verfahren individuell ausgestalten, mit Verfahrenslaufzeiten, mit den wechselseitigen Pflichtenkatalogen in Sachen Vortragsführung usw. Es empfiehlt sich, für die Stelle des Mediators oder Schlichters neben einem Juristen auch einen Ingenieur und/oder Baubetriebler vorzusehen. Denn in der Regel sind die Streitigkeiten vielschichtiger Natur und lassen sich am besten interdisziplinär durch Heranziehung des Fachwissens des jeweiligen Berufsträgers lösen. So sind in der Regel vor jeder rechtlichen Entscheidung technisch tatsächliche Sachverhalte zu klären, etwa beim Streit um Mängel.

4 IPA in der Praxis

4.1 IPA-Coach

Das erfolgreiche Zusammenspiel aller Beteiligten bei einem IPAM (Integriertes Projektabwicklungsmodell) hängt im Wesentlichen von einem speziellen, auf die Besonderheiten des IPAM ausgelegten Projektmanagements ab. So ist es erforderlich, ähnlich einem herkömmlichen Projektmanagement, bei dem ein Projektmanager Bauherrenaufgaben übernimmt und damit auch die Interessen des Auftraggebers im Projekt vertritt, die Projektbeteiligten im IPAM im Sinne des gemeinsamen Projekterfolges zu führen. Der IPA-Coach ist dabei nicht allein vom Auftraggeber mandatiert, sondern vom gesamten Performance-Team, das im IPAM alle Beteiligten umfasst. Dabei müssen die Vertreter der verschiedenen Firmen immer wieder motiviert und im Sinne des gemeinsamen Gesamterfolges gecoacht werden. Der IPA-Coach erfüllt in seiner Funktion weniger eine Managementfunktion als eine Coachingfunktion, da er mit seinem Team dafür sorgt, dass alle Beteiligten auf Augenhöhe agieren und gemeinsam das gesetzte Ziel verfolgen. Er stellt mittels Strukturen und klarer Regelungen sicher, dass alle Beteiligten jederzeit im Bilde über den Stand des Projekts (Prozesse, Termine, Kosten, Qualitäten), die Zuständigkeiten und Schnittstellen sind. Das gesamte Vorgehen sollte für alle Beteiligten klar und transparent sein.

Der IPA-Coach sorgt mit seinem Team dafür, dass jederzeit die Lösungsorientierung im Vordergrund steht und eine partnerschaftliche Vorgehensweise gepflegt wird. Er stellt das Bindeglied zu den Entscheidungsgremien dar und sichert einen reibungslosen Informationsfluss. Er steuert das Risiko- und Changemanagement und stellt eine lückenlose Dokumentation und Information sicher. Er achtet auf den optimalen Einsatz von Lean-und agilen Methodiken, um eine kollaborative Abwicklung zu gewährleisten. Darüber hinaus coacht er alle Beteiligten, um das Bewusstsein des integrierten Abwicklungsmodells nachhaltig zu verankern und jederzeit die essenzielle schnelle Lösungsfindung voranzutreiben.

4.2 IPA-(Rechts)Berater

Für das Gelingen eines IPA-Projektes sind neben dem Einsatz eines versierten IPA-Coaches oder Coaching-Teams auch versierte IPA-(Rechts-)Berater einzusetzen. Wie auch die sonstigen Konfliktberater (Adjukatoren, Schlichter oder Mediatoren), die nicht zwingend aus dem Bereich der Rechtsberatung kommen müssen, müssen die IPA-(Rechts-)Berater in den Varianten der ADR geschult sein und zudem – ähnlich wie in der Collaborative Practice – auf mediative Verhandlungsgrundsätze verpflichtet sein. Es ist von wesentlicher Bedeutung, dass die Rechtsberater einen kooperativen, also sach- und interessenbezogenen, friedlichen und konstruktiven Verhandlungsstil verwenden, im Einklang mit der im Projekt gewünschten Streitkultur. Es ist sehr projektgefährdend, wenn ein Rechtsberater glaubt, alle Konflikte innerhalb eines IPAM nach den Regelungen der „alten Welt" abwickeln zu können, und einen aggressiven Positionskampf führt. Vielmehr bedarf es für modernere ADR-Ansätze aufgeschlossener Rechtsberater, die nicht nur auf die RVG-Gebühren im Gerichtsverfahren schielen. Ähnlich wie in den Bereichen der Collaborative Practice/Law, welche auf den Ansätzen mediativen Verhandelns gründen, ist es auch bei IPA-Modellen erforderlich, eine deeskalierende Rechtsberatung zu etablieren. Die Konflikte sind im Hinblick auf Bedürfnisse und den Bedarf sowie die Interessen und nicht in Bezug auf Positionen kreativ zu begleiten. Hierbei kann sowohl das Performance-Team wie auch der Auftraggeber eigene Rechtsberater einsetzen oder die Akteure verständigen sich, ähnlich wie im FIDIC-Vertragswesen für ein Dispute Avoidance/Adjudication Board (DAAB), auf einen gemeinsamen Rechtsbeistand, der gemeinsam mit den technischen Sachverständigen nach Lösungen auf Basis von Vertrag und Gesetz sucht. Er sollte als Anlaufstelle für beide Seiten fungieren und sich auch auf eine transparente Argumentation zur Sachverhaltsdarstellung verpflichten. Insofern ist für die Rechtsberater mit der Tätigkeit als IPA-Rechtsberater ein gewisser Rollenwechsel vom reinen parteivertretenden Rechtsanwalt hin zu einem übergeordneten Projektberater verbunden, der auch dem Grundsatz „Best for Project" verpflichtet ist. So bedarf es auch hier eindeutiger Vereinbarungen, wie sie etwa auch beim Einsatz eines Anwaltsmediators zu treffen sind. Dies umfasst z. B. ebenfalls die Verpflichtung auf einen Neutralitätsansatz.

Sollte jedoch kein gemeinsamer Projektberater beschäftigt werden, so liegt es im Verantwortungsbereich insbesondere der Auftraggeber, eine Rechtsberatung für das Projekt zu engagieren, die sich auf IPAM versteht. Dies bedeutet, dass auch seitens der begleitenden Projektjuristen des Auftraggebers und des Performance-Teams möglichst zu Beginn ein Kick-off stattfinden sollte – unter Beisein der Parteien, die die Verhaltensweisen der Rechtsberater für das Projekt festgelegt haben. Für eine zunächst möglichst effiziente und direkte Kommunikation bieten sich Video-Konferenzen an, um nicht unnötig viel Schriftverkehr zu produzieren, denn in praxi führt die direkte Kommunikation häufig schneller zum Ziel; erst wenn es zu abschließenden Statements oder Vereinbarungen kommt, ist auf Stift und Papier zurückzugreifen. Insgesamt geht es auch hier um die Verpflichtung auf ein mediatives Verhandeln, dem auch die Rechtsanwälte als jeweilige Parteivertreter folgen sollten. Dies beugt einer Befeuerung der Konfliktlagen durch falsch motivierte Rechtsbeistände vor.

4.3 Kollaborative Entscheidungsfindung

Auf Basis der Werte und Ziele, die in der Phase der Projektvorbereitung zwingend so klar wie möglich zu formulieren sind, werden alle im Projekt anstehenden Entscheidungen getroffen. Diese Werte und Ziele sind für alle Beteiligten des Performance-Teams verständlich und eindeutig zu formulieren, sodass sie auch von Außenstehenden bzw. externen Stakeholdern verstanden werden und damit ein einheitliches Projektverständnis besteht.

Die im Projekt anstehenden und zu treffenden Entscheidungen werden mit den Werten und Zielen abgeglichen und so getroffen, dass die Erreichung der Ziele sichergestellt und die Erfüllung der Werte maximiert wird (vgl. Kapitel 2.4.1). Das Bild 4-1 stellt eine Entscheidung, bei welcher zwischen Werten und Zielen unterschieden wird, schematisch dar.

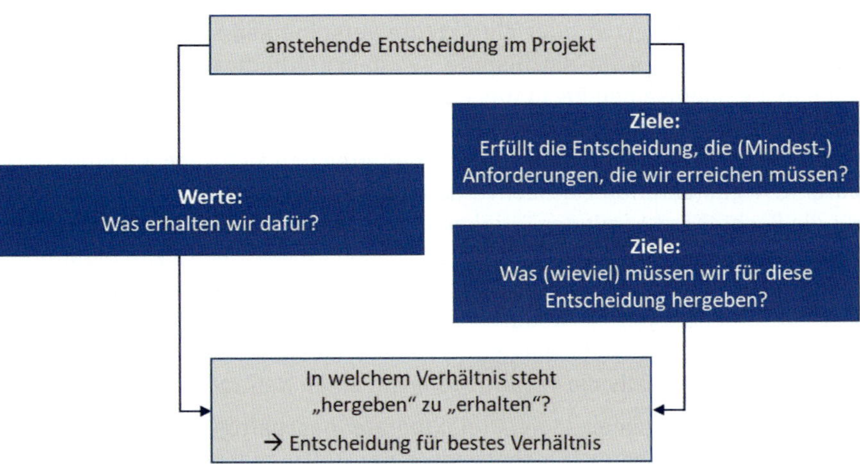

Quelle: Eigene Darstellung

Bild 4-1: Schematischer Entscheidungsprozess mit Unterscheidung von Werten und Zielen

In einem IPA-Projekt liegt die große Herausforderung in Bezug auf die Entscheidungsfindung darin, dass alle Beteiligten des Mehrparteienvertrags das gleiche Stimmrecht besitzen und dadurch auch die Entscheidungsmacht auf alle Beteiligten verteilt wird. Außerdem sind alle Akteure in gleicher Weise am Projekterfolg beteiligt. Dadurch kann sich die Entscheidungsfindung sehr komplex und langwierig gestalten. Es empfiehlt sich daher für die Entscheidungsfindung in einem IPA-Projekt ebenfalls, einen kollaborativen Ansatz zu wählen, auch weil durch die Berücksichtigung der unterschiedlichen Sichtweisen (Auftraggeber, Architekt, Fachplaner, ausführende Firmen ...) mit höherer Wahrscheinlichkeit innovative Ansätze und Alternativen identifiziert werden. Dafür empfehlen sich methodische Herangehensweisen, welche die Transparenz und Nachvollziehbarkeit aller getroffenen Entscheidungen in hohem Maße fördern und dem Prinzip „bestes Verhältnis von Geben zu Nehmen“ (= Aufwand zu Nutzen) folgen.

Die im Lean Construction Management gängige Methode *Choosing by Advantages* (CBA) hat sich für die kollaborative Entscheidungsfindung sowohl in IPA-Projekten als auch außerhalb von IPA-Projekten sehr bewährt. Sie ermöglicht die systematische und zielgerichtete Einbindung unterschiedlicher Projektbeteiligter in unterschiedlicher Intensität und zu unterschiedlichen Zeitpunkten während des gesamten Entscheidungsprozesses. Je komplexer die zu entscheidende Fragestellung, desto wichtiger ist die kollaborative und systematische Entscheidungsfindung. Dies gilt ebenso für Änderungen, die im Projektverlauf auftreten – auch hier empfiehlt sich die Nutzung von CBA zur Entscheidungsfindung.

Die Methode Choosing by Advantages (CBA) ermöglicht die Einbeziehung der übergeordneten Werte und Ziele sowohl für komplexe als auch für weniger komplexe Entscheidungen. Der einfache CBA-Prozess ermöglicht es, Entscheidungen fundiert und gleichzeitig transparent vorzubereiten und zu treffen. Gestartet wird mit

- der Zusammenstellung der für die Entscheidung oder Änderung notwendigen Daten (Hintergrund und Ziel der Entscheidung oder Änderung),
- dann werden Kriterien zur Bewertung festgelegt (diese können je nach Entscheidung variieren),
- daraufhin werden die Eigenschaften der Alternativen/Varianten in Bezug auf die Kriterien ermittelt,
- es folgt eine Bewertung der Vorteile der jeweiligen Alternativen/Varianten und
- schließlich wird das Ergebnis den Kosten- und Terminauswirkungen gegenübergestellt.

Für ein durchgängiges und transparentes Entscheidungs- und Änderungsmanagement empfiehlt sich der Einsatz von digitalen Kollaborationsplattformen (z. B. Anchor Decisions[5]), um die lückenlose Dokumentation, die Transparenz über getroffenen Entscheidungen und eingespielte Änderungen sowie die hierarchieübergreifende Zusammenarbeit über die gesamte Projektlaufzeit

5 www.anchor-decisions.com

sicherstellen zu können. Im folgenden Bild 4-2 ist ein Screenshot aus Anchor Decisions mit dem Entscheidungsprozess und einigen Basisdaten einer Entscheidung dargestellt.

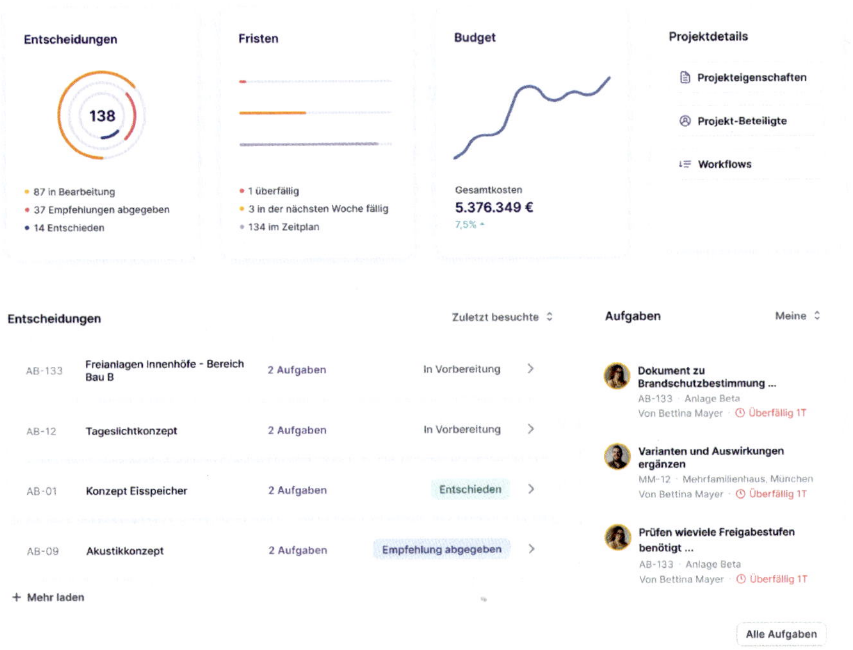

Quelle: Eigene Darstellung

Bild 4-2: Ausschnitt des CBA-Prozesses in Anchor Decisions

Die Vorbereitung der Entscheidung findet in der Regel auf der Arbeitsebene durch das Project Implementation Team (PIT) statt. Im Project Management Team (PMT) wird die Entscheidung getroffen. Mithilfe einer digitalen Plattform für Entscheidungs- und Änderungsmanagement kann darüber hinaus die Bewertung der zu entscheidenden Alternativen/Varianten methodisch und kollaborativ entweder im PIT oder im PMT stattfinden. Dadurch entsteht maximale Transparenz und das gemeinsame Ziel wird nicht aus den Augen verloren – außerdem entfällt durch die Anwendung des digitalen Entscheidungs- und Änderungsmanagements der gesamte Aufwand für die Aufbereitung von Dokumenten, das Nachhalten von Aufgabenpaketen, die Dokumentation der Ergebnisse sowie die Kommunikation der offenen und getroffenen Entscheidungen an das Performance-Team, wodurch ganz im Sinne von Lean Management für die Beteiligten mehr Zeit für die wertschöpfenden Aufgaben im Projekt erübrigt werden kann.

Wird innerhalb des PMT keine Einigung erzielt oder überschreiten die Auswirkungen der Entscheidung die Entscheidungskompetenz des PMT (z. B. deutliche Budgetüberschreitung oder Terminverschiebung), wird die Entscheidung eskaliert und im Senior-Management-Team (SMT) entschieden. Notwendige Mehrheitsverhältnisse für die Entscheidungen auf PMT- und SMT-Ebene sollten spätestens in der Validierungsphase festgelegt werden, um spätere Diskussionen zu vermeiden (z. B. Konsens, Konsent, 2/3 Mehrheit, absolute Mehrheit, einfache Mehrheit, relative Mehrheit).

4.4 Design-to-Costs-Kalkulation

Alles beginnt mit der zur Aufgabe passenden, transparenten und realistischen Budgetermittlung. Kosten können nur dann eingehalten werden, wenn diese realistisch ermittelt werden. Nur auf einer klaren und nachvollziehbaren Grundlage, bei der nicht nur die Projektziele definiert und fixiert sind, sondern auch die für die Projektlaufzeit zu erwartenden Rahmenbedingungen ermittelt und unter Risikogesichtspunkten bewertet wurden, kann das Budget eingehalten werden. Dabei ist die Annäherung vom Groben zum Feinen (Top-down-Ansatz) entscheidend. Erste Budgetabschätzungen erfolgen mittels Benchmarks aus vergleichbaren Projekten, wobei auch hier schon darauf geachtet werden muss, dass die Ansätze hinsichtlich der tatsächlichen Vorgaben und Bedingungen angepasst werden. Dies können z. B. Budgetkennwerte je Quadratmeter BGF bezogen auf die Kostengruppen nach DIN 276 sein, ergänzt um Spezialbewertungen z. B. für Gründungssysteme, Risikoabschätzungen für angenommene Rahmenbedingungen und abgeleitet aus den Zielvorgaben etc. Zusammengefasst wird diese Methode auch „Investitionskostenschätzung" genannt. Je passender und realistischer diese erste Kostenindikation ist, desto besser kann man das Projekt tatsächlich aufsetzen und ein realistisches Abwicklungsprogramm aufstellen. Der der IPAM zugrunde liegende Prozess unterstützt diese Vorgehensweise, da bereits zu einem sehr frühen Stadium alle Abwicklungsbeteiligten an Bord sind und somit bei guter Steuerung des Prozesses eine realistische Kostenindikation sehr wahrscheinlich erreicht werden kann.

Je weiter die Planung vorangeschritten ist und dadurch Planungslösungsinhalte immer weiter spezifiziert und „fassbar" sind, desto sicherer und belastbarer werden die groben Kostenannahmen aus der Investitionskostenschätzung. Dabei werden sukzessiv die groben Daten durch detailliertere Erkenntnisse ersetzt; das Kostengerüst ist somit stabilisiert. Dabei wird das

Budget nicht ständig neu berechnet, sondern die ermittelten Kostengrößen innerhalb des Budgets werden ständig neu justiert und mit den Budgetannahmen verglichen. Abweichungen werden ständig analysiert und durch eine parallel laufende Risikobetrachtung verifiziert.

Um nun ein Projekt zielgerichtet und im Rahmen von Kosten-, Termin- und Qualitätsvorgaben umzusetzen, ist es entscheidend, stetig über den Stand der Aufwendungen informiert zu sein. Allein so lässt sich frühzeitig erkennen, inwieweit die Planung zu den Vorgaben passt. Ein ständiger Abgleich zwischen der Planung und den daraus resultierenden Kosten unterstützt dabei die Einhaltung des Budgets und hilft, Fehlentwicklungen zu vermeiden. Solche Fehlentwicklungen können z. B. Planungsinhalte sein, welche nicht in das vorgesehene Budget passen und somit Planungszeit benötigen, die wiederum Kosten verursacht. Agile Planungsmethoden sorgen für sehr kurze Iterationszeiten bei gleichzeitiger Betrachtung von alternativen Lösungen. Dabei werden alle Beteiligten optimal mit ihrem Know-how in den Prozess eingebunden. Setzt man zudem auf die Building-Information-Modeling-Methode (BIM), ergeben sich höchste Synergien und Echtzeit-Überprüfungsmöglichkeiten der Planung hinsichtlich Qualitäten, Störungen, Passungen und Umsetzungszeiträume.

Unter der Überschrift „Verschwendung vermeiden" durch den Einsatz der Lean-Methodik in Kombination mit agilen Planungsabläufen auf Grundlage der BIM-Methode wird nicht nur die „Trefferquote" vorgegebener Budgets und Termine wesentlich verbessert, sondern auch eine erheblich bessere Planungs- und Realisierungsqualität erreicht. Bereits beim Planen werden Kollisionen erkannt und beseitigt, optimale Lösungen gefunden und eingepasst und abschließend dreidimensionale Planunterlagen zur Verfügung gestellt, die kaum Fehler enthalten und eine Realisierung beschleunigen. Dabei verknüpft die Lean-Methodik durch die Unterstützung der optimalen Arbeitsvorbereitung der ausführenden Firmen die Planung auch optimal mit der realen Umsetzung. Arbeitsprozesse werden maximal verkürzt, da z. B. das Rohbauunternehmen schon den Bauablauf in die Planung eingebracht hat und somit Stahllisten, Schal- und Bewehrungspläne vom Planungsteam passgenau zum „Produktionsablauf" erstellt und frühzeitig geliefert werden. Das ausführende Unternehmen kann daraufhin sofort die Bestellungen auslösen und muss nicht eine neue Arbeitsvorbereitung auf unpassenden Planungen erarbeiten.

Diese Methodik stellt sicher, dass die ermittelten Kosten jederzeit in ausreichender Genauigkeit vorliegen und in einem engen und regelmäßigen Wechselspiel mit der Planung die optimale Qualität in der vorgegebenen Zeit und im vorgegebenen Budget erreicht wird.

4.5 Bauzeit

Das Terminmanagement erfolgt auf Basis der Lean-Methodik unter Verwendung von agilem Planungsmanagement. Grundlage hierbei ist die sogenannte Gesamtprozessanalyse, aus der alle Teilprozesse identifiziert und gemeinsam im IPAM-Perfomance-Team definiert werden. Aus den Ergebnissen der Prozessanalysen werden dann die benötigten Terminpläne abgeleitet.

Durch die Lean-Methodik werden die Grundlagen für eine belastbare und realistische Gesamtbauzeit geschaffen. Dabei müssen Risiken und Chancen immer ausreichend berücksichtigt werden. Dafür werden z. B. die Risiken im PMT gemeinsam bewertet und entsprechende Pufferzeiten oder ähnliche Sicherheiten im Gesamtterminmanagement abgebildet und transparent ausgewiesen. Hier muss darauf geachtet werden, dass für Risikoeinschätzungen immer auch Mitigationsstrategien beschrieben werden müssen. So kann es z. B. für die Sicherung der Bauzeit notwendig werden, Winterbaumaßnahmen zu ergreifen, die direkte Auswirkungen auf Kosten und das vorgesehene Budget haben können. Die Abwägung des Einsatzes von Mitigationsstrategien ist bei Eintritt eines Risikos wieder neu zu bewerten und zu entscheiden.

Da Terminänderungen in aller Regel auch Kostenänderungen nach sich ziehen, müssen Terminrisiken mit entsprechenden monetären Risiken bewertet werden. Soweit sich Risiken realisieren, werden diese durch die Risikorückstellungen gedeckt. Soweit Risiken nicht eintreten, wird das dem jeweiligen Risiko zugeordnete Budget in den Topf für Unvorhergesehenes umgebucht und kann hier wieder verwendet werden. Durch die integrierte Projektabwicklung sollten sich die Terminrisiken gegenüber der herkömmlichen Projektabwicklung einfacher mitigieren lassen, da alle Beteiligten durch ihr direktes Engagement eine hohe Flexibilität einbringen können und generell ein gemeinsames Interesse an einer schnellen Lösung haben, um negative Auswirkungen so weit als möglich einzudämmen und Mehrkosten zu vermeiden.

4.6 Leistungssoll und Leistungsänderungen

Eine herausfordernde Aufgabe ist die möglichst frühzeitige Beschreibung der Leistungsinhalte aller Beteiligten. Zunächst muss das IPAM-Modell mit allen relevanten organisatorischen Regularien ausgewählt und aufgesetzt werden. Dabei müssen auch die Rollen und Verantwortlichkeiten klar geregelt und vor allem der Auswahlprozess der Beteiligten strukturiert und die Auswahlkriterien eindeutig definiert sein. Bei der Definition der Leistungsinhalte als zu erbringendes Leistungssoll muss darauf geachtet werden, dass alle Leistungen ineinandergreifen und an den Schnittstellen keine Lücken entstehen, die sich zum Risiko auswachsen können. Die Inhalte müssen klar beschrieben und verständlich sein. Jeder sollte wissen, wer welche Aufgaben und Verantwortungen übernommen hat. Dabei ist es essenziell, dass die IPAM-Haltung in kritischen Situationen zur gegenseitigen Unterstützung führt, für z. B. ggf. auftretende Lücken wird gemeinsam eine Lösung gesucht und umgesetzt. Hier gilt die Maxime, nach Klärung des Sachverhalts werden Lösungsoptionen entwickelt, um diese schließlich nach Risiko- und Kostenanteilen zu einer konkreten konsensualen Lösung zu kanalisieren. Diese Arbeitsmethodik kann in der Phase der Tandemplanung, in der alle Projektbeteiligten die Ausführungsunterlagen erstellen, einstudiert und während der Umsetzung, in der wegen der Abgrenzung von Planungs- und Ausführungsfehlern komplizierte Sachverhalte auftreten, mit Unterstützung von IPA-Rechtsberatern und -Coaches verfeinert werden.

Für eine zielgerichtete Planung ist es darüber hinaus von wesentlicher Bedeutung, dass die Grundlagen der Planung eindeutig und klar sind. Dies erfolgt in der Regel entweder durch ein Lasten- und Pflichtenheft oder durch die sogenannten Nutzeranforderungen, auch „User Requirements“ genannt. Diese werden durch die Planer umgesetzt und in einem nachvollziehbaren Bericht, dem „Design Validation Report“, dokumentiert und freigegeben. In aller Regel kann dieser Report nach der Leistungsstufe 3, gegebenenfalls auch vorher zusammengestellt werden, da dann ausreichend Informationen und Planung vorliegen. Dieser stellt dann die Basis für alle weiteren Schritte, insbesondere die Erstellung der Ausführungsunterlagen in der Tandemplanung, dar und darf ohne Begründung über einen definierten Change-Prozess und auf Basis einer Entscheidungsvorlage nicht verändert werden. Dabei ist es essenziell, zu wissen, dass es verschiedene Arten von Änderungen bezogen auf Leistungsinhalte, Leistungserbringung und Leistungsumfang geben wird. Diese unterschiedlichen Qualitäten können wie folgt definiert werden:

4.6.1 Änderung des Leistungsinhaltes – der Scope-Change

Ein Scope-Change ist gekennzeichnet durch eine neue oder auch eine wesentlich veränderte Leistung, die den einmal definierten Leistungsinhalt grundsätzlich reduziert oder erweitert. Dies können Erweiterungen oder Reduzierungen des Planungsumfanges sein, z. B. die Erhöhung der Bruttogrundfläche (BGF) um 10 %, die Hinzufügung eines Gebäudetraktes, der vorher nicht gewünscht war, oder die Veränderung der definierten und festgelegten Nutzung einzelner Bereiche etc.

In aller Regel handelt es sich hier um „Sonderwünsche“ des Auftraggebers, die z. B. aufgrund von veränderten Marktbedingungen oder veränderten Kundenanforderungen vom Auftraggeber als erforderlich angesehen werden. Solche inhaltlichen Veränderungen müssen gründlich analysiert und Lösungsansätze erarbeitet und in einer Entscheidungsvorlage zusammengefasst werden. Dabei müssen auch die Auswirkungen der vorgeschlagenen Lösung hinsichtlich Terminen, Kosten und Qualitäten dargestellt und in die Entscheidung einbezogen werden. Vornehmlich geht der Scope-Change mit zusätzlichem Aufwand einher. Das bedeutet, es muss ein zusätzliches Budget zur Verfügung gestellt und/oder eine Anpassung der Zeitschiene vorgenommen werden.

4.6.2 Anpassung der Planung an das vorgegebene Leistungssoll

Planungsanpassungen beziehen sich – in Abgrenzung zum Scope-Change – im Wesentlichen auf die im „Design Validation Report" freigegebenen Inhalte, d. h. auf die optimale Umsetzung der Planung. Dabei werden im Zuge der Planung Konkretisierungen vorgenommen, um das definierte Ziel zu erreichen. Nicht selten müssen dann Anpassungen von Annahmen, die in einem frühen Stadium der Planung getroffen wurden, auf das höhere Detailwissen im Zuge der fortschreitenden Planung angepasst werden. Es ist damit also z. B. eine Justierung bereits erfolgter Planungsleistungen erforderlich, welche die Realisierung des definierten Leistungssolls sicherstellen. Während der Planung oder der baulichen Umsetzung wird bspw. festgestellt, dass zur Erfüllung des gewünschten Leistungssolls Ergänzungen, Korrekturen oder auch eine Erweiterung des Planungsumfanges erforderlich werden. Solche Leistungen können zwar Änderungen bzw. Anpassungen von Planungsinhalten etc. nach sich ziehen, sind jedoch Teil der für die Leistungserfüllung erforderlichen Inhalte und müssen vollständig durch das freigegebene Budget inkl. eines Budgettopfes für Unvorhergesehenes gedeckt werden.

Der wesentliche Unterschied zwischen diesen Änderungen und dem Scope-Change besteht darin, dass „echte" Zusatzleistungen wie in Kapitel 4.6.1 beschrieben neu betrachtet und bewertet werden müssen, da hierfür in jedem Fall ein „neues" Budget für diese Änderung erforderlich ist, unabhängig davon, ob das vorhandene Budget zur Deckung dieser „Mehrkosten" ausreichen würde. Wenn die Zusatzleistung umgesetzt werden soll, muss dann im SMT entschieden und festgelegt werden, wodurch dieses „neue" Budget gedeckt wird.

Alles sonstigen Änderungen, welche erforderlich sind, um den vereinbarten Leistungsinhalt zu erreichen, sind Bestandteil der „Basisleistungen" und daher durch das definierte Budget abzudecken.

Alle Änderungen, egal ob nach Kapitel 4.6.1 oder 4.6.2, sollten verfolgt und – soweit hierdurch Kosten entstehen, die bisher noch nicht kalkuliert waren – innerhalb der laufenden Prognosen zu den wahrscheinlichen Endkosten (Anticipated Final Costs) ergänzt und dokumentiert werden. So ist jederzeit der Überblick, inwieweit das Projekt im geplanten Rahmen bleibt, gewährleistet.

Gegenüber der herkömmlichen Vorgehensweise bei Standardprojektabläufen, z. B. mit herkömmlichen Einzelvergaben, tragen nicht kalkulierte Kosten nach Kapitel 4.6.2 die Projektbeteiligten gemeinsam und nicht kalkulierte Kosten nach Kapitel 4.6.2 werden durch Anpassung des Budgets gedeckt. Auch bei guten Planungsleistungen ist daher immer ein Budget ohne spezifische Zuordnung zu einzelnen Positionen erforderlich, das zur Deckung dieser „unvorhergesehenen Leistungen" herangezogen werden kann. Je nach Qualität der Grundlagen sollte dieses Budget zwischen 5 % und 15 % der geschätzten Gesamtkosten liegen und frei nach Bedarf zugeordnet werden können. Dieser Budgettopf wird im Wesentlichen als „Unvorhergesehenes" (UVG) bezeichnet.

4.6.3 Rechtlicher Umgang

Der Umgang mit den Änderungen im vertraglichen Kontext erfolgt bei einem auf Einzelverträgen basierenden IPAM auf Grundlage von § 650b f. BGB, und zwar gleichgültig ob für die Planer (Überleitung über § 650q BGB) oder ausführenden Firmen. Um eine Ungleichbehandlung der Planer zu verhindern, was einer kollaborativen und effizienten Abarbeitung entgegenstünde, ist dies im Vertrag zu regeln; insbesondere ist auch zu vermerken, dass nicht das starre Nachtragsystem der HOAI zum Tragen kommt, auch wenn eine ergänzende Anwendung möglich ist.

§ 650b Abs. 1 BGB deckt zwei Fälle der Leistungsänderung ab, nämlich dass der Auftraggeber (1) eine Änderung des vereinbarten Werkerfolgs oder (2) eine Änderung, die zur Erreichung des vereinbarten Werkerfolgs notwendig ist, verlangt. Der zweiten Änderungsvariante steht es gleich, wenn äußere Umstände eine zusätzliche Leistung verlangen, um den Werkerfolg erreichen zu können, oder das Performance-Team dem Auftraggeber eine Optimierung anbietet, die er dann beauftragt. In beiden Fällen sieht § 650b Abs. 1 BGB vor, dass die Parteien binnen 30 Tagen Einvernehmen über die Änderung an sich, also den Umfang nach Terminen, Qualitäten und Quantitäten, sowie über die daraus resultierende Mehr- und Mindervergütung erzielen. § 650c BGB sieht für Letzteres den Abgleich der (wirtschaftlichen) tatsächlich erforderlichen Kosten bei Soll- und Istverlauf nebst angemessenen Zuschlägen für Allgemeine Geschäftskosten sowie Wagnis und Gewinn vor, es sei denn, der

Auftragnehmer kann auf eine vereinbarungsgemäß hinterlegte Urkalkulation zurückgreifen (vgl. § 650c Abs. 2 BGB). In einem solchen Fall gleicht die Preisermittlung derjenigen nach § 2 Abs. 5 bis 7 VOB/B.

Weil bei dem hier angenommenen IPAM die Preisermittlung im Tandemplanungsprozess für die ausführenden Gewerke gleichsam im Open-Book-Verfahren ermittelt werden, ist die Aufnahme einer Vereinbarung zur Hinterlegung der Urkalkulation mühelos umsetzbar.

Für planende Mitglieder des Performance-Teams ist mit dieser Methodik eine größere Umstellung verbunden. Gemeinhin sind die Akteure nicht gewohnt, eine Urkalkulation aufzustellen. Nichtsdestotrotz dient es der Transparenz, der Kollaboration und der wirtschaftlichen Sicherheit im Projekt, wenn planende Teammitglieder im Rahmen einer anfänglich einzureichenden Urkalkulation offenlegen, mit welchen Vergütungssätzen und welchen Arbeitsumfang sie kalkulieren. Denn insbesondere in BIM-Projekten ist eine qualitativ hochwertige Planung von größter Bedeutung. So wäre es fatal, würde sich ein planendes Teammitglied der weiteren Zuarbeit verweigern, weil es nicht mit so vielen Planalternativen oder Optimierungsläufen gerechnet hat. Der Auftraggeber tut also auch seinerseits gut daran, die Angebotsanfrage nicht allein auf die HOAI-Sätze für die Grundleistungen zu beschränken, sondern die Daten von konkreten Kontingenten nebst Stunden- und Tagessätzen sowie AGB und W&G-Zuschlägen einzufordern.

Am Anfang einer jeden Leistungsänderung sollte somit auch ein Angebot des Performance-Teams für die Kosten der Änderung vorliegen. Kann kein Einvernehmen über einen absoluten Preis erzielt werden, sollte zumindest Einigkeit über die Ermittlung des Preises (optimaliter findet sich eine grundhafte Regel in dem Vertragsteil für Konfliktlösungsmechanismen) erzielt werden, der dann mittels eines Sachverständigen und/oder Rechtsberaters errechnet werden kann. Die Hinzuziehung solcher Berater wäre insbesondere dann angezeigt, wenn eine Gemengelage mit kostenneutral zu erbringenden Gewährleistungsarbeiten besteht und/oder die Verteilung der Leistungsanteile im Performance-Team unklar ist.

4.7 Verzug und Haftung

Um sich dem Thema Verzug der Leistungserbringung zu nähern, ist es von entscheidender Bedeutung, analog zur Kostenabschätzung bzw. Budgetbildung sicherzustellen, dass die notwendigen Prozesse und Abläufe realistisch sind und umgesetzt werden können. Erst dann ergeben sich für die Diskussion von Verzögerungen relevante Sachverhalte hinsichtlich der Verursachung. Dabei muss allerdings ebenfalls wie unter Kapitel 4.3 und 4.9 dargestellt, die Lösungsfindung im Vordergrund stehen. Wenn z. B. ein tatsächlicher Verzug eingetreten ist, sollte zunächst nach Lösungsansätzen gesucht werden, um die Auswirkungen zu kompensieren und den damit einhergehenden Aufwand zu bewerten. Häufig können bereits durch Umstellung von Abläufen und Parallelisierung von Arbeitsschritten Verzögerungen wesentlich reduziert oder gänzlich eliminiert werden. Da bei der Aufstellung der Gesamtprozessanalyse beim IPAM alle Beteiligten involviert sind, wird jedoch schwer feststellbar sein, ob ein Verzug gegebenenfalls auf zu günstigen Annahmen bei der Analyse und der daraus folgenden Übernahme in den Terminablauf beruht oder ob ein Akteur ungenau gearbeitet hat. In jedem Fall sollte immer die Herbeiführung einer schnellen Lösungsfindung im Vordergrund stehen. Ansonsten besteht die Gefahr, auch bei einem Projekt nach der IPAM den Terminrahmen zu sprengen und zusätzliche Kosten zu verursachen. Dabei gilt für alle möglichen Kompensationsmaßnahmen, dass die bestmögliche Ausführung zum Erreichen der gesetzten Ziele Vorrang hat. Es kann daher sein, dass eine Verzögerung, die nicht auf dem kritischen Pfad liegt, für den Projekterfolg unerheblich ist und dass somit gegebenenfalls gar keine Kompensationsmaßnahmen erforderlich werden.

4.8 Qualitätssicherung und Mängelmanagement

Durch den Einsatz des Target Value Designs, basierend auf dem Building-Information-Modeling-System (BIM) und unter Einsatz der Lean-Methodik und agiler Workshops, können bisher nicht gekannte Qualitäten in der Planung und Bauausführung erreicht werden. Gegenüber der herkömmlichen Herangehensweise mittels einer sequenziellen Planung mit definierten Phasen (z. B. nach HOAI), die immer wieder durch Überprüfungsroutinen gebremst und gestört werden, erfolgt der Lean-agile Ansatz auf Basis der BIM-Methodik wesentlich ganzheitlicher und alle Wissensträger sind von Beginn an in den Planungs- und Bauprozess eingebunden. Dadurch werden sehr kurze Iterationszeiten erreicht, Kosten werden schon bei der Planungsidee parallel mit betrachtet (und nicht erst nach einer Phase) und Ideen, die nicht durch den Kostenrahmen deckt sind, werden frühzeitig erkannt. Auch kann mit diesem Ansatz eine wesentlich höhere Umsetzungsgeschwindigkeit erreicht werden, da im BIM-Modell sehr schnell erkannt wird, wenn Inhalte nicht aufeinander abgestimmt sind und sich nicht einfügen lassen. Daraufhin können gemeinsam bessere Lösungen erarbeitet und die Fehler korrigiert werden. Darüber hinaus werden nur Planunterlagen erzeugt, wenn diese wirklich benötigt werden und nicht, um eine Leistungsphase abzuschließen und die Leistung zu dokumentieren. Kurz gesagt, es wird nur das geschaffen, was für die Planung und Realisierung wirklich erforderlich ist (Lean!). Weil bestimmte Planunterlagen, die bisher vom Planer und dann ein weiteres Mal von der Firma erstellt wurden, nur noch einmal produziert (die Firma) werden, können mit Lean bereits an dieser Stelle Einsparungen erzielt werden. Der Planer prüft die Planunterlagen dann noch einmal und es kann verzugsfrei weitergehen.

4.9 Konfliktlösung

Aufgrund der vorgegebenen und gelebten Rahmenbedingungen durch die IPA-Projekt-Charter und die sich daraus abgeleitete IPA-Haltung ergibt sich eine absolut lösungsorientierte Ausrichtung des Projektes. Konflikte sollten sich daher nicht mehr aus Unterdeckungen in den Kalkulationen, groben Fehleinschätzungen oder losgelöster Gewinnmaximierung ergeben. Konflikte lassen sich natürlich nicht gänzlich ausschließen, bei z. B. Fehlern oder unvorhergesehenen Risiken. Hier sollte die Konfliktlösung immer mit der gemeinsamen Lösungssuche beginnen, ohne Fingerpointing, der Suche nach potenziellen Schuldigen. Die Energie der Akteure muss auf die Lösungsfindung gebündelt werden. Liegt eine solche Lösung dann vor, kann relativ einfach eine Zuordnung zum Einflussbereich der Ursache erfolgen. Sollte die Lösung Auswirkungen auf Termine, Qualitäten oder Kosten haben, muss in den Gremien, in steigernder Eskalation, im IPA-Management-Team, dann im Senior-Management-Team und schließlich im Gesellschafterrat über eine Zuordnung der Auswirkungen entschieden werden. Sollte so keine Einigung zu erzielen sein oder fordert eine Partei ein ADR-Verfahren, sind im abgestimmten, festzuschreibenden Prozess die externen Streitschlichtungsgremien wie IPA-Rechtsberater/Adjudiaktoren/Mediatoren hinzuziehen. Erst wenn diese Mechanismen gescheitert sind, muss in einem Gerichtserverfahren als letztes Mittel ein Urteil zur Lösungsfindung herbeigeführt werden.

4.10 Vergütung

4.10.1 Vergütung im Mehrparteienvertrag

Das Vergütungssystem in den Mehrparteienverträgen wird gemeinhin unter dem „Pain-Gain-Share“-Prinzip aufgesetzt, um ein wechselseitiges Anreizsystem zu schaffen. Dies scheint unproblematisch zu funktionieren, wenn z. B. ein Generalplaner und ein Generalunternehmer gemeinsam mit dem Auftraggeber einen Mehrparteienvertrag schließen. Sind jedoch weitere Gewerke involviert, sollte z. B. ein Rohbauer für die Risiken, die vom Innenausbauer oder Außenanlagenbauer fünf Jahre nach termingerechter Fertigstellung des Rohbaus verursacht wurden, einstehen, so ist dies nur schwerlich am Markt zu etablieren.

Nach Interpretation eines Teils der Fachliteratur und je nach vertraglicher Ausgestaltung handelt es sich bei dem Mehrparteienvertrag um einen modifizierten Selbstkostenerstattungsvertrag. Modifiziert ist er, weil die Höhe der Selbstkosten durch die Zielkostenvorgabe des Auftraggebers begrenzt ist und mit zunehmenden Selbstkosten die Zuschläge für AGK und Wagnis und Gewinn sinken (BBSR, Endbericht 2022, S.62 f). Die Vergütung betrifft zwei Bereiche, die direkten Kosten bzw. erstattbaren Kosten (EK, welche aus Istkosten und prognostizierten Kosten ermittelt werden) und den Chancen-Risiko-Einbehalt oder -Pool, der sich zusammensetzt aus einem Teil für Deckungsbeiträge (AGK, W&G), aus kalkulierten Kosten für Risiken (R) und aus Boni.

Die Vergütung für die Planungsleistungen soll nach dem Aufwand und dem vereinbarten Stundensatz erfolgen (BBSR, Endbericht 2022, S. 120).

Die Vergütung der Bauleistungen ist anders geregelt: Gemeinsam von Auftraggeber und Perfomance-Team werden in der Planungsphase ausgehend vom Kostenrahmen des Auftraggebers die-Basis Zielkosten für die gemeinsame Bauaufgabe mittels produktspezifischer Planung ermittelt, für die dann die finalen Zielkosten festgesetzt werden. Die finalen Zielkosten beinhalten die direkten oder erstattbaren Kosten, die Kosten für die den einzelnen Performance-Team-Mitgliedern zugewiesenen Risiken sowie Anteile für AGK, W&G und ggf. Boni, die den Chancen-Risiko-Einbehalt bzw. -Pool bilden.

Zu den erstattbaren Kosten (EK) zählen (nach BBSR, Endbericht 2022, S. 127 f.; vergleichbar Ashcraft, 2010, 20) die Kosten der nachweislich erbrachten Bauleistungen in der Bauphase. Für die bauausführenden Auftragnehmer sind dies z. B.:

- die Einzelkosten der Teilleistungen,
- die Baustellengemeinkosten,
- die Nachunternehmerkosten,
- Kosten für alle Leistungen zur Fortsetzung der Planung,
- Kosten bis zur Höhe des Chancen-Risiko-Einbehalts, die für die Beseitigung eines Planungs- und/oder Baumangels erforderlich sind und die nicht von dem den Mangel verursachten Nachunternehmer eingefordert werden können.

Auf die EK erhält das jeweilige Perfomance-Team-Mitglied einen festzulegenden AGK-Zuschlag, der bis zu einem bestimmten Prozentsatz (z. B. 50 %) entsprechend dem Leistungsfortschritt abgerechnet und vergütet wird. Der AGK-Anteil wird auch für Nachunternehmerleistungen berechnet, jedoch soll es keinen weiteren GU-Zuschlag geben. Die verbleibenden AGK-Anteile werden mit den festzulegenden Gewinnanteilen der Performance-Team-Mitglieder als Risikobetrag (RB) in Prozent festgesetzt, gegen den dann das Projekt betrieben wird. Daraus wird auf der Grundlage der gemeinsam ermittelten Zielkosten inklusive eines kalkulierten Risikos ein Kostenbetrag je Auftragnehmer als Betrag errechnet. Die RB aller Auftragnehmer des Perfomance-Teams (Planende wie ausführende Gewerke) bilden dann den Chancen-Risiko-Einbehalt oder -Pool (Hagsheno et alt., 2022, S. 70–71).

Ändern sich die erstattbaren Kosten durch Änderungen oder durch unerwartete Projektrisiken, so werden sie erhöht und dem jeweiligen Performance-Team-Mitglied erstattet.

Folgende Szenarien sind denkbar:

- Verzehr des Chancen-Risiken-Einbehalts, dies führt zu zusätzlichen Selbsterstattungskosten, der Realisierung eines Teils des Chancen-Risiken-Einbehalts
- Realisierung eines Übergewinns, weil sich die prognostizierten Risikokosten nicht eingestellt haben; der „Übergewinn" wird nach einer festzulegenden Quote zwischen Auftraggeber und Performance-Team aufgeteilt

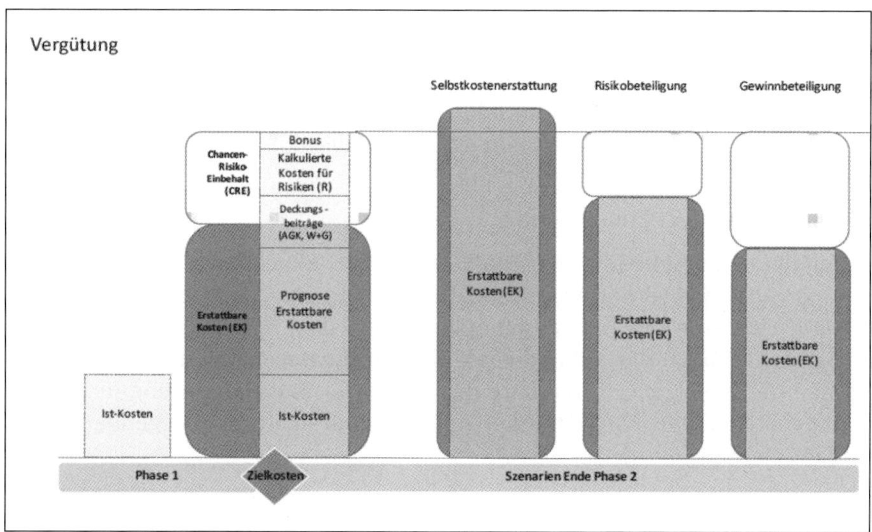

Quelle: BBSR, Endbericht 2022, S. 189

Bild 4-3: „Vergütung"

Mit diesem Modell soll erreicht werden, dass Aufwände fair entlohnt werden und die Projektbeteiligten am Erfolg oder Misserfolg des Projektes beteiligt sind (Haghsheno et alt., 2022, S, 70–71).

4.10.2 Vergütung im Einzelvertragssystem

Das IPAM ist dadurch gekennzeichnet, dass allein die Leistungen erbracht werden, die zur Zielerreichung erforderlich sind, und diese idealerweise auch von den Partnern umgesetzt werden, die die Kompetenz für den jeweiligen Bereich besitzen. Dies kann dazu führen, dass Planungsleistungen von den beauftragten Planern nur so weit erbracht werden, wie dies sinnvoll erscheint, und z. B. darauf aufsetzend ein ausführendes Unternehmen die Finalisierung der Planung übernimmt, inkl. der Pflege der Bestandspläne, während die ursprünglichen Planer die Baumaßnahme qualitätsüberwachend begleiten. Die Planung hängt sehr vom eingesetzten Team ab und sollte immer an den Fähigkeiten der Partner ausgerichtet sein und im Vorfeld final abgestimmt und definiert werden. Soweit diese Zuordnungen vorgenommen wurden und fortwährend zeitnah den Projekterfordernissen angepasst werden, ist davon auszugehen, dass die Aufwendungen dieses Modells geringer sind als die herkömmliche Abwicklungsmethodik. Dies ist vor allem auch der Tatsache geschuldet, dass im Verlauf des Projektes das Know-how für die Umsetzung und ggf. Anpassungen jederzeit vorhanden ist und allen zur Verfügung steht. Aufwändige Prozesse zum Onboarding neuer Firmen etc. sind nicht mehr notwendig. Darüber hinaus werden die nicht der Zielerreichung dienenden Aufwände, wie bspw. der Schriftverkehr zu Streitigkeiten oder die Konflikte aufgrund zu kostengünstig angebotener Leistungen, minimiert. Die Abwicklung und Zusammenarbeit gestaltet sich dadurch effizienter und effektiver.

a) Honorare in der Planungsphase

Auf der einen Seite folgt das IPAM dem Ansatz eines fairen Äquivalenzprinzips von Aufwand und Vergütung. Auf der anderen Seite steht das berechtigte Interesse des Auftraggebers, ein gewisses Maß an Planbarkeit und Sicherheit bzgl. der anfänglichen Planungskosten zu erhalten. Analysiert man die typischen Störgefühle der Planer für die Honorierung ihrer Leistungen nach den HOAI-Grundleistungshonoraren, so sind folgende Gründe dominierend:

- unzureichende Bestimmung von Korrekturschleifen für zu bildende Alternativen,
- fehlender Bezug zur Bauzeit für die Planungs- und Überwachungsleistungen,

- keine hinreichende Bestimmung von Besonderen und damit zusätzlich zu vergütenden Leistungen,
- fehlende Anpassung an Änderungen der ursprünglich vom Auftraggeber vorgegebenen anrechenbaren Kosten (auch ohne Änderung der Bauaufgabe),
- in Bezug auf BIM-Leistungen: starre Anwendung eines an HOAI-Leistungsphasen orientierten Stufenmodells und entsprechende Auskehrung von Geldern.

Es liegt auf der Hand, dass in all diesen Fällen das Äquivalenzverhältnis von Leistung und Gegenleistung als gestört betrachtet wird. Bekommt man dieses jedoch in den Griff, so spricht nichts dagegen, auch (teilweise) pauschalierte Planungshonorare zu vereinbaren. Damit geht jedoch auch einher, dass eine Honorarabschätzung für Planer nach z. B. der HOAI durch eine Manpower-Kalkulation (Personalbedarfsplanung) ergänzt, verifiziert und validiert werden sollte. Diese sollte ebenfalls für den Manpower-Einsatz der ausführenden Unternehmen erfolgen. Die Kalkulation muss auf der eindeutigen Zuordnung von Aufgaben, Kompetenzen und Verantwortlichkeiten beruhen. So können die Vertragsparteien für den Planungsprozess (auch für die zuliefernden und ausführenden Firmen) in Anlehnung an die HOAI/AHO Honorarparameter bestimmen, die zumindest eine Honorarermittlung für die Grundleistungen bzw. für die den Grundleistungen ähnlichen Planungsleistungen ermöglichen. In Ansehung der Tatsache, dass zuweilen auch nur Teile der Grundleistungskataloge abgefordert werden, könnte der Auftraggeber die Pauschalen auch mithilfe der Siemon-Tabellen oder ähnlicher Hilfsmittel weiter konkretisieren oder gar bis zu einer Festpreisausschreibung spezifizieren. Auf der Grundlage der so ermittelten Pauschalen kann der Auftraggeber unter Berücksichtigung eines gewissen Maßes an weiteren Korrekturschleifen/Variantenbildungen einen Maximalkostenrahmen für die Planung bilden.

Im wechselseitigen Austauschprozess bzw. im Rahmen der Bedarfsanalyse ist genau zu ermitteln, welche Besonderen Leistungen im Sinne der HOAI/AHO benötigt werden, um das Projekt erfolgreich abzuschließen. Dies liegt auch im Interesse des Auftraggebers, weil im Projektverlauf ansonsten Stillhaltefristen für Nachtragsverhandlungen nach § 650b BGB drohen. Für unvorhergesehene zusätzliche Leistungen können Stunden- und Tagessätze vereinbart werden, um den Planenden Sicherheit zu geben.

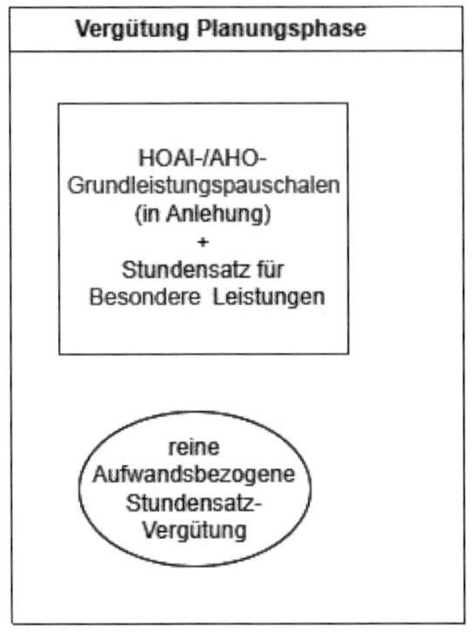

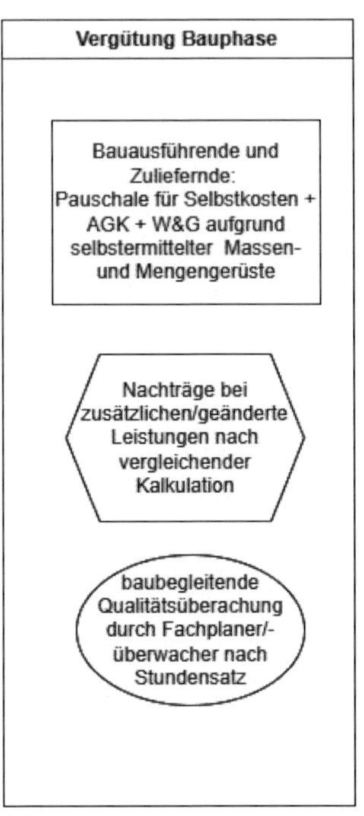

Quelle: Eigene Darstellung

Bild 4-4: Vergütung im IPA-Einzelvertragssystem

b) Honorare in der Bauphase

Die Vergütung für die Leistungen in der Bauphase sind transparent zu ermitteln. Ausgangspunkt bildet der in der Machbarkeitsstudie ermittelte Zielkostenrahmen des Auftraggebers, der in der Planungsphase konkretisiert wird.

Bei Leistungen für die qualitätssichernden begleitenden Planungs- und Überwachungsleistungen ist es durchaus sinnvoll, diese auf Stundenbasis nach Aufwand zu vergüten. Denn so können z. B. die Kosten für die Mangelfeststellung und Nachverfolgung ihrer Beseitigung genau beziffert und dem jeweils verantwortlichen Unternehmen zugewiesen werden. So wird im Vergleich zur bisherigen Praxis ein (negativer) Anreiz für die ausführenden Unternehmen geschaffen, Mängel zu vermeiden. Denn derzeit werden meist für die Objektüberwachungsleistungen nach Leistungsphase 8 die Grundleistungshonorare als Pauschale vereinbart, gleich wie lange und oft der Objektüberwacher auf der Baustelle ist und wie viele Mängel entdeckt und nachverfolgt werden; dies macht es rechtlich unmöglich, die Kosten der Mangelverfolgung während der Bauphase auf die mangelhaft arbeitenden Unternehmen umzulegen. Dem wirkt die nach Aufwand abgerechnete Vergütung entgegen. Zugleich werden die qualitätssichernden (Fach-) Objektüberwacher angehalten, tatsächlich vor Ort zu sein und den Baufortschritt wie die Mangelbeseitigung auch tatsächlich zu begleiten. Dauert die Baustelle länger als ursprünglich angenommen, entstehen auch hier verzugsbedingte Mehrkosten, die den verspäteten Firmen abgezogen werden können. Auch dies ist ein (negativer) Anreiz.

Für die Bauleistungen selbst sollte die Vergütung mittels der offengelegten Kalkulationen der Performance-Team-Mitglieder respektive der üblichen Zuschläge für AGK, BGK und Wagnis und Gewinn ermittelt werden, die auch durch einen unabhängigen Wirtschaftsprüfer verifiziert und validiert werden können. Die Gewinnerwartungen, die das Unternehmen üblicherweise erwirtschaftet, gehen ebenso in die Berechnung ein wie z. B. Annahmen zu Krankheitstagen. Während der Planungsphase wird die Planung von planenden, ausführenden und zuliefernden Firmen gegen die im Rahmen der Bedarfsanalyse und Machbarkeitsstudie ermittelten Basis-Zielkosten erstellt. Diese Planung ist bereits produktspezifisch und sehr detailliert. Die im Rahmen der Planung vom gesamten Perfomance-Team bzw. den im Tandem wirkenden Planern und jeweiligen Gewerken ermittelten Mengen- und Maßengerüste sind bereits – auch auf die Herstellungsprozesse der ausführenden und zuliefernden Unternehmen hin – validiert und daher sehr genau. Sie sind an den zu verbauenden Produkten ausgerichtet und die Preise für diese sind im Open-Book-Verfahren offenzulegen. Die sonst üblichen Zuschläge für AGK und W&G unterliegen dem Wettbewerb; auf GU-Zuschläge sollte selbst bei Einsatz von Subunternehmern verzichtet werden, denn sonst entsteht ein Ungleichgewicht zwischen den Perfomance-Mitgliedern mit und ohne Subunternehmer, welches für die Kollaboration störend wirken kann. Um das positive Anreizsystem zu verstärken, ist der W&G-Anteil da, der z. B. Mehrkosten aus Leistungsverzug abfedert oder bei zeitgerechter Leistung Gewinn erlaubt. Die so ermittelten Baukosten (Herstellkosten, AGK, BGK und W&G) stellen sodann die finalen Zielkosten dar. Da die finalen Zielkosten durch die einzelnen Gewerke selbst detailliert ermittelt wurden, können sie auch als Pauschalvergütung bzw. Garantierter Maximalpreis (GMP) ausgestaltet werden, die nur noch bei „echten“ zusätzlichen oder nachträglich vom Auftraggeber geänderten Leistungen angepasst werden.

Sofern eine gute Fehlerkultur und ein guter Konfliktlösungsmechanismus eingerichtet sind, wirkt allein dies schon einer Blaming-Kultur entgegen. Es ist nicht zwingend erforderlich, die Kosten für Mangelbeseitigungsarbeiten anders als bisher zu behandeln. Die Kosten für Mangelbeseitigungsarbeiten hat das Perfomance-Team-Mitglied zu tragen, das den Mangel zu vertreten hat. Sind es mehrere, ist mithilfe der Konfliktlösungsmechanismen eine Quote zu bilden. Die Kosten für Mangelbeseitigungsarbeiten gehen somit unmittelbar aus dem W&G-Anteil ab, sodass jedes Perfomance-Team-Mitglied ein Interesse daran hat, sie gering zu halten. Da bei Streit die baubegleitenden Konfliktlösungsmechanismen eine verbindliche Lösung für die Perfomance-Team-Mitglieder bringen, ist dauerhafter Streit nicht zu befürchten.

Durch die im Projekt etablierten BIM- und Lean-Construction-Methodik-Tools ist zudem eine erhebliche Transparenz für den Bauablauf gegeben. Folglich können die bauzeitverlängernden Faktoren, die auch AGK und BGK steigen lassen, analysiert und zugeordnet werden, sodass die bislang die Bauunternehmen benachteiligenden Beweiserfordernisse im Rahmen der IPAM entschärft werden können; absichernd sollten entsprechende Vereinbarungen geschlossen werden.

Kern eines funktionierenden Vergütungssystems im IPAM ist, dass auch der Auftraggeber realisiert, dass es das Risiko der Kostensteigerungen gibt und hierfür eine valide Schätzung getätigt werden muss, damit nicht wie bisher mit den Minimalkosten in die Entscheidungsgremien gegangen wird. Diese Schätzung ist jedoch bereits Teil der Machbarkeitsstudie, deren Ergebnisse in der Planungsphase validiert werden müssen. Der so ermittelte Risikobetrag ist auf die W&G-Anteile der jeweiligen Gewerke zu verteilen.

Als weitere Anreize können auch ungeachtet des eben dargelegten Boni-Zahlungen (z. B. für eine frühzeitige/rechtzeitige Fertigstellung, vollständig mangelfreie Leistungen) vereinbart werden oder bei Optimierungsvorschlägen die ersparten Aufwendungen (teilweise) den optimierenden Performance-Team-Mitglieder zugesprochen werden.

c) Zahlungsflüsse/Leistungsstandfeststellung

Zum gesunden Äquivalenzverhältnis von Leistung und Vergütung gehören auch der Zahlungsfluss und die Gewissheit über die zu vergütenden Summen. Um den Zahlungsfluss während des Projektes aufrechtzuerhalten, was für eine gedeihliche Kollaboration unvermeidlich ist, sollte eine fortschreitende Bauablaufdokumentation inklusive regelmäßigen gemeinsamen Aufmaßen im Sinne des § 14 Abs. 2 VOB/B oder Leistungsstandfeststellungen unternommen werden. So können die Leistungsstände zuverlässig ermittelt werden und zugleich werden die für ein gutes As-built-Modell notwendigen Feststellungen/Dokumentation getätigt. Wird dieses Vorgehen mit der Offenlegung der Kalkulation/Produkteinkäufe (Open Book) gepaart, bestehen keine Gründe, Abschlagszahlungen nicht zu leisten, und zugleich wird Streitigkeiten um Verzögerungen oder die Schlussrechnung vorgebeugt.

Zudem ist in der Planungsphase herauszuarbeiten, in welchen Gewerken eine Vorauszahlung unabdingbar ist und wo statt Abschlagszahlungen Ratenzahlungen angezeigt sind. Im Einzelvertragssystem ist dies unproblematisch zu etablieren; im Mehrparteienvertragssystem stören unterschiedliche Zahlungsmechanismen meist das Kollaborationsgefüge.

4.11 Risiko: Am Projekt nicht Beteiligte/Umfeld

Verträge gelten grundsätzlich nur inter partes, gleich, ob es sich um einen Mehrparteienvertrag oder einen Zweiparteienvertrag handelt. Entsprechend sind insbesondere gänzlich außerhalb des Baugeschehens aber dennoch Betroffene wie Nachbarn oder etwa Passanten an der Baustelle, für die Verkehrssicherungspflichten übernommen werden, Dritte i. S. des Vertrages.

Hinzu treten jedoch auch die Nachunternehmer, die zwar grundsätzlich durch den Vertrag zwischen dem jeweiligen Perfomance-Team-Mitglied und Subunternehmern auch an Klauseln aus dem Hauptvertrag gebunden werden können, nichtsdestotrotz bleiben sie aber außerhalb des Vertrags zwischen Auftraggeber und dem jeweilige Auftragnehmer als Perfomance-Team-Mitglied. Folglich sind auch Subunternehmer gewissermaßen als Dritte zu bewerten.

Insbesondere bei den am Markt gängigen Modellen für Mehrparteienverträge birgt dies erhebliche Gefahren. So sind bspw. Subunternehmer als dritte Parteien mögliche Störer des Bauablaufs, für die Haftungsbegrenzungen oder Haftungsübernahmeerklärungen nicht ohne Weiteres gelten. Insbesondere bei Mehrparteienverträgen, bei denen ein Konstrukt in Analogie zur Gesellschaft bürgerlichen Rechts (GbR) verhandelt wird, ist dies ein erheblicher Störfaktor. Wird ein Dritter oder die Leistung eines Dritten geschädigt, so hätte er Anspruch auf Schadensersatz gleich gegen welches Mitglied der GbR und das unbegrenzt. Die Folge ist ein Innenregressverfahren innerhalb der GbR. Bei eine Einzelvertragssystem wäre dies anders, da entweder der Auftraggeber als Zustandsstörer oder aber das jeweilige schädigende Unternehmen als Handlungsstörer in Verantwortung gezogen würde. Die Haftung wäre demnach personell begrenzt.

Ferner können weitere Störungen der Äquivalenzen zwischen Leistung und Vergütung dadurch entstehen, dass die Subunternehmer nicht sauber an die Kosten-/Vergütungsregeln des Hauptvertrags gebunden sind. Dass diese sich gänzlich auf die Grundsätze des Mehrparteienvertragssystems verpflichten, ist unwahrscheinlich, da selten insbesondere im Rahmen eines Mehrparteienvertrags ein derart sauberes Nachunternehmervergabe-/und -vertragsmanagement durchlaufen wird. Setzt dies doch voraus, dass auch die Vorgaben für Nachunternehmervergaben in Teilen im Mehrparteienvertragssystem geregelt sind und der Markt auch die entsprechende Nachfrage bedient.

Soll nun eine gemeinschaftliche Haftung für bspw. Vertragstermine implementiert werden, so würden Dritte in Gestalt der Nachunternehmer außerhalb dieser Haftung stehen. Mangels Weisungsrechten der übrigen Mehrparteienvertragsparteien hätten diese auch keine möglichen Einwirkungsmöglichkeiten auf die termingerechte Abarbeitung durch die Subunternehmer.

Zugleich bestehen bei den sog. Selbtskostenklauseln streitintensive Ungleichgewichte, wenn die Kosten für Subunternehmer als erstattungsfähige Selbstkosten der Auftragnehmer qualifiziert werden. Eine solche Systematik führt insbesondere vor dem Hintergrund zu Problemen, als dass durchaus Ungleichgewichte in den einzelnen Gewerken bestehen, wer welche Leistungen an Nachunternehmer übergibt. So werden regelmäßig die planenden Mehrparteienvertragsmitglieder kaum Subunternehmer einsetzen. Folglich besteht ein Ungleichgewicht in den Risiken, das dem weiteren Haftungsgefüge abträglich ist.

4.12 Entschärfung des Risikodrucks: Projektversicherungen

Die in Abschnitt 2.1 beschriebene Haltung „Project First“ als elementarer Ansatz der integralen Projektabwicklung wird bei den Trends am Versicherungsmarkt und den Produktinnovationen für einen umfassenden Versicherungsschutz für Bauprojekte sichtbar.

Während noch vor dem Verschwinden des Kölner Stadtarchivs die Mehrheit der Auftraggeber dem Versicherungsgeschick ihrer Auftragnehmer nahezu blind vertrauten und den Einkauf der passenden Versicherungslösung vollständig und in Eigenverantwortung den Baupartnern überließen, so hat sich inzwischen Merkliches getan:

Vermehrt werden neue Rundumschutzpolicen für Bauprojekte nachgefragt, die neben dem Auftraggeber auch alle Baubeteiligten (Planer und Ausführende) schützen. Die Entwicklungen in der Bauindustrie, Digitalisierung, neue Rollen, neue Verantwortlichkeiten, Methoden und Konzeptideen finden Einzug in das

Versicherungswesen. Neue Trends und Herausforderungen am Bau bedürfen neuer Versicherungsmodelle. Der Markt bietet bereits solche Modelle. Noch hinkt die Akzeptanzbereitschaft an den Bauakteuren. Sich von bewährten Vorgehensweisen zu lösen und neue Wege im Einkauf passender Schutzlösungen zu gehen, das bedeutet für viele Baubeteiligte eine enorme Veränderung, der mit großer Skepsis begegnet wird. Es bedarf hoher Überzeugungskunst und eines gewissen Durchsetzungsvermögens durch den AG, die Partner für ein zentrales, projektbezogenes Versicherungskonzept zu gewinnen. Der Bieterkreis an Projektversicherern ist stabil und umfasst ca. 20 in Deutschland zugelassene Versicherungsgesellschaften. Viele bislang im Bausegment zurückhaltende Risikoträger haben den Wachstumstrend am Bau erkannt und bewegen sich inzwischen zeichnungsfreudig auf Bauinvestitionen zu. Die Rahmenbedingungen für einen Switch vom fragmentierten Versicherungseinkauf eines jeden Einzelnen hin zum projektbezogenen und zielgerichteten Schutzkonzept für alle am Bau könnten derzeit nicht besser sein.

4.12.1 Beitrag von Versicherungskonzepten für das Gelingen der integralen Projektabwicklung

Zu den wichtigsten Mitteln, Risiken zu managen, gehören das Auslagern und das Transferieren von Risiken durch spezielle Selbsttragungs-/Finanzierungmodelle (u. a. Captives) und/oder den Abschluss von Versicherungen. Das mit dem Abschluss eines Versicherungsvertrages erhoffte Ziel wird allerdings nur dann erreicht, wenn das Versicherungsmodell auf das jeweilige Bauvorhaben passgenau konzipiert wird. Sonst drohen Deckungslücken und unwirtschaftliche Mehrfachversicherungen. Auf den Baustellen in Deutschland finden sich die unterschiedlichsten Ansätze im Arrangieren von Versicherungsschutz:

- als sog. einzelvertragliche Konstellation (wie im Kapitel vorab beschrieben) mit einer Klammer, die den gesamtheitlichen Deckungsschutz durch den Auftraggeber als Initiator vorgibt oder
- als projektbezogene Volldeckung in Form einer kombinierten Projektversicherung, deren Elemente, Sinn und Vorzüge im Folgenden näher beschrieben werden.

4.12.2 Versicherungstechnik auf den Großbaustellen

Bei Bauinvestitionen sind enorm viele Baubeteiligte involviert, die allesamt über eigene Versicherungsverträge verfügen. Der Auftraggeber, dessen Vertreter, Berater, alle Planer, Sachverständige, Baufirmen, Nachunternehmer, also eine Vielzahl von Projektbeteiligten in diversen Rollen und Verantwortlichkeiten, die für ihre Risiken, Belange und Geschicke eine ordentliche Vielzahl an selbst abgeschlossenen Jahrespolicen für Bauleistungsrisiken, Berufs-, Planungs- und Betriebshaftpflicht-Versicherungen vorhalten – und für ihre Interessenlage das passende Versicherungsmodell wählen. Eine derartige Flut von unterschiedlichen Versicherungsarten und Deckungsinhalten symbolisiert eher ein „Villa Kunterbunt"-System, in dem jeder Baupartner versichert, wie und was er will. Alle Beteiligten am Bau agieren fragmentiert. Dies führt vermehrt dazu, dass ein Wirrwarr an unterschiedlichsten Versicherungen besteht, anstatt zielgerichtet eine „Project-First"-Haltung beim Einkauf der Versicherungslösung gelebt wird. Das „Villa-Kunterbunt"-Modell ist längst überholt, dennoch auf vielen Baustellen noch anzutreffen und wird den Zielen der IPA keineswegs gerecht.

Wo viele Baubeteiligte zupacken, herrscht eine Vielzahl an unterschiedlichen Interessen, einhergehend mit einer hohen Anzahl an Versicherungen und damit ebenso einer Vielzahl an Versicherern, die im Falle eines Bauschadens die Interessen des eigenen Versicherungsnehmers, also ihres Kunden, vertreten, nicht aber dem Interesse des Auftraggebers und dem gesamtheitlichen Ziel des Bauprojektes (Kosten- und Termineinhaltung) entsprechen. Wo viele Versicherer sind, da sind viele unterschiedliche Meinungen und nicht in sich stimmende Bewertungen. Baustellen mit einer hohen Anzahl an einzelvertraglichen Regelungen – die Problembauten in öffentlicher Hand sind bekannt (siehe Kapitel 1.2) – werden meist von hohen Interessenkonflikten belagert. Streit unter den Baubeteiligten und deren Versicherern ist vorprogrammiert – keiner der Baubeteiligten will bei Störfällen am Bau die eigene Versicherungspolice belasten – und damit droht die Gefahr der Kostenmehrung und Verzug in der Fertigstellung des Invests – als kostspielige Modelvariante zulasten des Auftraggebers. Wird ein Projekt nicht mit einer gesamtheitlichen Schutzvariante umsorgt, obliegt es dem Auftraggeber, alle Einzelversicherungen seiner Auftragnehmer und deren Nachunternehmer sowie Subsub auf Deckungsinhalt, Deckungsqualität und Deckungshöhe und Aktualität samt Gültigkeit hin zu überprüfen. Dies gilt nicht nur bei Auftragserteilung, sondern regelmäßig von Zeit zu Zeit.

Die Rechte aus deren Versicherungspolicen liegen nicht beim Auftraggeber. Im Schadensfall rückt der Auftraggeber in die schwache Position des Bittstellers.

Versicherungsvertragliche Deckungssummen können im Schadensfall schon infolge von Schäden auf anderen Baustellen längst aufgebraucht sein, der Versicherungsschutz kann wegen Nichtzahlung der Prämie nicht bestehen oder der Versicherungsvertrag kann bereits gekündigt sein. Der unterjährige Ausstieg aus einem Versicherungsvertrag ist dem Versicherer im Schadensfall unbenommen. Ereignet sich auf der Baustelle ein Schadensfall, dann ist bei einer solchen unkoordinierten Versicherungskonzeption das Chaos vorhersehbar:

Keiner der Beteiligten will die Verantwortung übernehmen, der eigene Versicherer nimmt eine Abwehrposition ein und wartet ab, ob sich nicht – notfalls in langjährigen Auseinandersetzungen vor Gericht – ein anderer Hauptverantwortlicher findet, dessen Versicherer den Schaden regulieren wird.

Neben dem hohen administrativen Aufwand, alle fremden Versicherungszertifikate regelmäßig zu prüfen und nachzuhalten, geben sie dem Auftraggeber nur ungenügend Einblick in die Versicherungsbedingungen aller Auftragnehmer und der an seinem Bauvorhaben Beteiligten, die im Schadensfall den Regulierungsbeitrag zur Beseitigung des Mankos auf der Baustelle bestimmen. Langatmige Schadenbearbeitung – und das ist bei fremden Versicherern vorhersehbar – kostet Geld und ist im Großschadensfall keine schnelle Lösung.

Ein ebenso großes Wagnis ist der Moment von nachgelagerten Schadenfällen, die nach Fertigstellung des Bauprojektes eintreten können. Mit der Inbetriebnahme der Immobilie treten meist bis dato unentdeckte und meist sehr kostspielige Folgen von Ausführungsmängeln auf. Welcher Versicherer übernimmt in solchen Fällen die Abwicklung und bestehen dann noch Zugriffsrechte auf etwaige schon abgelaufene Versicherungen der Baubeteiligten im Rahmen von Nachhaftungsvereinbarungen (u. a. Extended Maintenance) und welche Meldefristen gelten für Planungsfehler?

Das Sammelsurium an unterschiedlichen Deckungen kann ein Projekt ins Schleudern bringen. Streit und Verzug sind vorprogrammiert.

4.12.3 Umfang kombinierter Projektversicherungen (kurz: komb. PV)

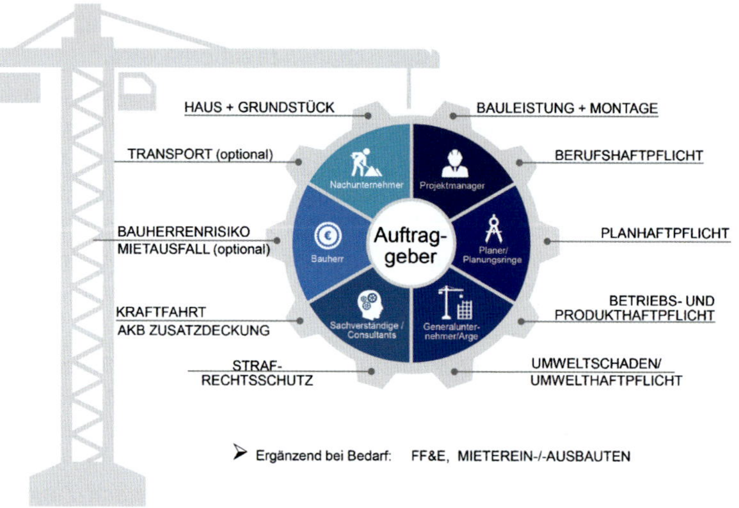

Quelle: Marsh GmbH

Bild 4-5: Kombinierte Projektversicherung im Überblick

Das noch relativ junge Versicherungskonzept war bisweilen in Deutschland unter dem Begriff der All-Risk-Versicherung und damit als Vorturner der heutigen komb. PV bekannt und entsprach im originären Sinn einer klassischen Bauleistungsversicherung als Allgefahrendeckung für das Bauwerk i. d. R. kombiniert mit einer Bauherrenhaftpflichtversicherung. In den letzten Jahren wurde das Konzept mehr und mehr auf die Bedürfnisse aller Baubeteiligten, auf die Entwicklungen der Baubranche, neuer Berufsbilder und Methodiken sowie die Erfordernisse spezieller Bauarten hin modifiziert und hat weitreichende positive Qualitätsentwicklungen erfahren. Heute beinhaltet die komb. PV eine Rundumversicherungslösung aus den in Deutschland gängigen Versicherungsarten, einen Mix aus Schadenereignis-, Verstoß- und Manifestationstheorie.

Integrale Bausteine einer komb. PV sind meist folgende Kernmodule:

- Bauleistungsversicherung inkl. Feuerrohbau,
- Montageversicherung,

- (Beschädigung des Bauwerks, der Baustoffe oder Baumaterialien während der Bauzeit, insbesondere durch höhere Gewalt wie z. B. Hochwasser, Sturm),
- Bauleistungs-/Montage-Betriebsunterbrechungsversicherung,
- (Unterbrechungsschäden, wenn sich die Fertigstellung des Bauprojektes wegen eines vorgenannten Schadens verzögert/Mietausfalldeckung).

Schutz vor Haftpflichtansprüchen:

- Bauherrenhaftpflicht
- Haftpflicht aus Haus- und Grundbesitz
- Betriebs- u. Produkthaftpflicht
- Berufshaftpflicht
- Planungshaftpflicht
- Erweiterte Planungshaftpflicht (Planen + Bauen liegen in einer Hand)
- Umwelthaftpflicht (Schutz gegen privatrechtliche Schadenersatzansprüche)
- Umweltschadendeckung (Schutz gegen öffentlich-rechtliche Sanierungsverpflichtungen)

Optional erweiterungsfähig um

- Strafrechtsschutz
- Transportrisiken
- Terrorgefahren
- Kostenschäden der erweiterten Produkthaftpflicht
- Versicherungsschutz für Drohnen
- Cyberdeckung

Der Charme einer komb. PV besteht darin, dass der Auftraggeber die Position des Hauptversicherungsnehmers innehat. Alle anderen an seinem Invest tätigen Partner sind mitversicherte Parteien, sog. weitere Mitversicherte des Versicherungsvertrages. Die Rechte aus dem Versicherungsvertrag liegen beim AG. Damit wird der Auftraggeber seiner Funktion gerecht und ist Herr des Verfahrens auch beim Einkauf und in der Gestaltung des passenden Versicherungskonzeptes für sein Invest.

Der Einkauf einer solchen Lösung kann auf andere Parteien übertragen werden, wie z. B. auf den Projektsteurer, den IPA-Coach. Falls eine andere Partei die komb. PV abschließt und die Position des Hauptversicherungsnehmers einnimmt, ist unbedingt sicherzustellen, dass die dem Auftraggeber obliegenden Risiken vom Deckungsumfang miterfasst sind.

Für eine passgenaue Konzeption und für die Suche nach dem zeichnungsfähigen Versicherkonsortium sind projektbezogene Auskünfte zu erteilen. Zur Erarbeitung der passenden Versicherungslösung und für den Zugang auf dem Versicherungsmarkt bedienen sich viele Investoren erfahrener Versicherungsmakler, die mit Branchenteams ein exzellentes Know-how für die versicherungstechnische Begleitung von Bauvorhaben vorhalten.

Zur Risikobewertung sind meist folgende Auskünfte erforderlich:

- Kurze Projektbeschreibung mit Bebilderung,
- Grober Rahmenterminplan,
- Lageplan/Schnitte/Ansichten,
- Kostenkalkulation DIN 276 KG 200-700,
- Besonderheiten Spezialtiefbau,
- Gutachten Baugrund, Kampfmittel, Bodenverunreinigung,
- Abrisskonzept,
- Anlagenverzeichnis mit Wertangaben,
- Liste Baubeteiligter,
- Sicherheitsmaßnahmen/Schutzkonzept und
- Logistikkonzept.

Die Versicherer haben einen hohen Informationsbedarf zur Bewertung des beabsichtigten Bauvorhabens und daran geknüpfter Risiken. Eine verbindliche Aussage zur Zeichnungsbereitschaft und machbarer Konditionen der Projektversicherung setzt umfangreiche Detailangaben mit einer höheren Planungstiefe zum beabsichtigten Bauablauf und zur Baugenehmigung voraus. Oft liegen wesentliche Unterlagen noch nicht vor, wenngleich aber Kreditbewilligungen und Planer schon im frühen Stadium (Ideenphase, Machbarkeitsprüfung) des BVs einen Versicherungsnachweis vom AG fordern. Annahmefähige, verbindlich geltende Angebote bietet der Versicherungsmarkt i. d. R. dann, wenn das Projekt die LP 4 erreicht hat und alle grundlegenden Projektunterlagen für den Erhalt der Baugenehmigung vorgelegt werden können. Spätestens wenn das Personal, die Baumaschinen und die Geräte auf der Baustelle eintreffen, sollte der komb. Projektschutz in Kraft getreten sein.

Grundsätzlich startet die komb. PV mit der Bereitstellung der Deckung ab dem formalen Beginn der Police. Abweichend hiervon sind Planungsleistungen zeitlich ab Tätigkeitsbeginn rückwirkend versicherbar.

Bedarf es schon zu einem früheren Zeitpunkt eines Versicherungsnachweises, so sind individuelle Verhandlungen mit potenziellen Versicherern in Form von vorläufigen Deckungszusagen vorbehaltlich der Einigung zu den letztlich geltenden Konditionen für das Bauprojekte denkbar.

Verschiedene Systemvarianten haben sich bei komb. PV inzwischen auf dem Versicherungsmarkt etabliert. Je nach Wunsch des Auftraggebers, seiner Risikostrategie sowie den wirtschaftlichen Überlegungen zur Prämienhöhe (Hinweis: Die Prämien für Bauleistungs-/Montage-/Haftpflichtversicherungen sind umlagefähig) wird eins der folgenden drei Modelle gewählt:

1) Volldeckung

Hier sind alle am BV Beteiligten über die komb. PV geschützt und keiner der Partner muss seine eigene Versicherung bedienen. Die Partner melden den Umsatz/das Honorar aus diesem BV nicht bei der eigenen Versicherung an.

2) Difference in Conditions/Limits (DIC/DIL)

Bei dieser Systematik gehen im Schadensfall die eigenen Policen der Partner einer Regulierung der komb. PV voran.

Besteht über deren Police kein Versicherungsschutz oder sind die dort versicherten Summen schon anderweitig aufgebraucht, dann wird der Projektversicherer aktiv.

Dieses Modell wird in solchen Fällen gewählt, wenn der Einkauf der komb. PV zeitlich nachrangig erfolgt und alle Parteien schon beauftragt wurden, der AG es leider versäumt hat, den zentralen Einkauf einer komb. Schutzlösung in den Vergabegesprächen rechtzeitig seinen Partnern zu kommunizieren. Diese Variante ist quasi eine abgespeckte Version als schützende „Klammer“, als Umbrellalösung für den Fall, dass die Baupartner ungenügende Deckungen vorhalten.

3) Self Insured Retention (SiR)

Bei Großbauprojekten bietet die komb. PV erst bei Erreichen einer bestimmten Schadensgröße, z. B. Schadenereignis > EUR 5 Mio., einen Versicherungsschutz für Baubeteiligte an. Für Schäden unterhalb des Schwellenwertes sind die Bauparteien selbst verantwortlich (Eigentragung oder Abwicklung über deren Versicherungen).

Die weitreichenden Vorzüge der komb. PV bietet das Modell 1.

Auch wenn Großbauprojekte und die dazu notwendigen Deckungskapazitäten im Zuge von Ausschreibungen unter zeichnungswilligen und zeichnungsfreudigen Versicherungsgesellschaften mit Zeichnungsquoten gebündelt werden, um den vollumfänglichen Schutz für die Baustelle zu erhalten – ein Zukauf von hohen Deckungskapazitäten erfolgt meist mit mehreren aufeinander aufbauenden Layern und einer Vielzahl von Beteiligungsversicherern –, so liegt die Führung der komb. PV bei nur einer Versicherungsgesellschaft (sog. Führungsversicherer). Je nach Ausgestaltung der Führungsklausel obliegt diesem Versicherer die Schadenbearbeitung. Damit liegt der Vorteil einer solchen Kombilösung auf der Hand:

Nur ein Versicherer und dessen Sachverständiger begutachtet und bearbeitet den Schadensfall ggf. unter Hinzuziehung des projektbetreuenden Versicherungsmaklers, ein Versicherer ist zuständig für alle am BV Tätigen, die alle über einen und demselben Versicherungsvertrag abgesichert sind und zwar mit einer Deckungsqualität, die sie weit über die üblichen Verbands- und Normbedingungen der Versicherer hinausgeht.

Mit der Kaufkraftbündelung für die Bedürfnisse des zu versichernden Bauvorhabens mit all seinen Akteuren werden wirtschaftliche Vorteile erzielt. Noch ist das Preis-/Prämiengefüge auf dem Versicherungsmarkt attraktiv. Die steigenden Materialpreise und damit steigende Regulierungssummen im Schadensfall, hohe komplexe Planungsschäden und zunehmende Elementarrisiken auf den Baustellen werden in Zukunft die Zeichnungsrichtlinien der Versicherer verschärfen. Ein Prämienanstieg, Verknappung von Zeichnungskapazitäten und höhere Selbstbehalte werden in den nächsten Jahren wohl zu erwarten sein.

4.12.4 Auch wenn Prämien anziehen, so bleibt die komb. PV die bevorzugte Schutzvariante für Bauprojekte

Die Qualität der Police zeigt sich im Regressverzicht. Alle Schadenzahlungen gehen zulasten des Projektversicherers. Sofern ein Mitversicherter den Schaden verursacht und zu vertreten hat, ist es dem Projektversicherer untersagt, seine Aufwendungen beim Schadenverursacher zu regressieren. Keiner der Baubeteiligten muss sich sorgen, dass etwaige Forderungen mit Regresssummen auf ihn zukommen oder er seinen eigenen Versicherungsvertrag belasten muss. Das komb. Sorglospaket sorgt für Frieden am Bau. Das Ziel von IPA, den Fokus auf Wichtiges zu konzentrieren und auf Schuldzuweisungen und Fingerpointing zu verzichten, ist zentrales Ansinnen beim Einkauf einer komb. All-in-one-Versicherung.

Kosten- und Kalkulationssicherheit stützt die komb. PV in hervorragender Art und Weise: Schon bei Abschluss einer solchen Lösung können moderate Verlängerungsprämien fixiert werden, die dann fällig werden, falls das Projekt zeitlich aus dem Rahmen fallen sollte. Der Versicherungsmarkt zeigt sich entgegenkommend und bietet eine solch notwendige Policenverlängerung oftmals prämienneutral für einen Zeitraum von drei bis acht Monaten an.

Komplexe Bauprojekte sind schadensanfällig. Das liegt in der Natur der Sache. Etliche Schäden lassen sich kaum vermeiden. Auch kleine Planungsfehler können massive Bauverzögerungen verursachen mit erheblichem Schadenspotenzial. Die Qualität einer projektbezogenen Versicherung lässt sich an der Höhe der bereitstehenden Deckungskapazität für die gesamte Dauer des Projektes und auch an den Sondervereinbarungen, wie z. B. dem Kündigungsverzicht, erschließen. Ist der Verzicht vereinbart, ist das Versichererkonsortium an das Bauinvest bis zur formalen Gesamtfertigstellung gebunden. Das dem Versicherer normalerweise im Schadensfall zustehende außerordentliche Kündigungsrecht wird bei komb. PV abbedungen. Auch wenn ein Projekt mit hohen Schadenzahlungen belastet ist, gibt es für den Versicherer keine Ausstiegsmöglichkeit, sich vom Versicherungsvertrag und damit vom Bauinvest zu trennen. Das sorgt für enorme Sicherheit am Bau. Weder dem schadenverursachenden Baupartner noch dem Auftraggeber droht im Schadensfall die Kündigung durch den Versicherer. Ist das Invest fertiggestellt, wird der Versicherungsschutz für solche Versicherungsfälle, die nach dem Ende der Police eintreten können, über sog. Nachhaftungsklauseln geregelt. Auch mit diesen nachgelagerten Schadenfällen, die während der vertraglich vereinbarten Nachhaftungszeit eintreten können, muss sich der Projektversicherer auseinandersetzen.

Das Sicherheitspaket der Kombilösung bietet auch Schutz für insolvent gegangene oder beim Projekt ausgeschiedene Partner für solche Fälle, dass deren Schlechtleistung zu kostspieligen Folgeschäden am Bau führen sollte. Eigene Versicherungsverträge von insolventen Partnern existieren meist nicht mehr, wenn die Schäden erkannt werden, und Forderungen gegen diese Parteien laufen meist ins Leere bzw. müssen von den verbleibenden solventen Projektpartnern des Projektes aufgefangen werden. In solchen Fällen schafft die komb. PV die nötige Sicherheit.

Ein optimal ausgestaltetes Versicherungskonzept ist nicht nur im Schadensfall von Nutzen. Es kann auch ein Wettbewerbsvorteil bei Bewerbung für einen IPA-Auftrag sein. Auftraggeber schauen sich im eigenen Interesse sehr genau an, ob die bedachten Auftragnehmer ein schlüssiges Versicherungskonzept vorzuweisen haben. Dieser Trend wird zunehmend auch von öffentlichen Investoren praktiziert.

4.12.5 Grenzen der komb. Projektversicherung

Eine Großzahl an Risiken am Bau lässt sich durch die komb. PV schützen. Jedoch ist auch hiermit kein 100 %-Rundumschutz für sämtlich Risiken jeglicher Art gegeben, den gibt es leider nicht.

So zählen Bauverzögerungen und Mehrkosten aufgrund der Insolvenz eines Baupartners zu den nicht versicherbaren Baurisiken. Auch mangelhafte Werkleistungen (sog. Pfusch am Bau) bleiben vom Versicherungsschutz ausgeschlossen. Aber die Folgen von mangelhaften Werkleistungen (auch solche von insolventen Partnern) sind versicherbar.

Natürlich gelten auch bei Projektversicherungen die üblichen Ausschlüsse genereller Natur, wie z. B. Vorsatz.

Der Risikotransfer von Baurisiken auf den Versicherer setzt voraus, dass nur unerwartete Schadenereignisse und somit nicht von vornherein zu kalkulierende Ereignisse versichert werden. So bleiben in der Bauleistungsdeckung durch normale Witterung bedingte Schäden am Bau ausgeschlossen. Allein außergewöhnliche Witterungsschäden werden vom Versicherungsschutz erfasst. Da die komb. PV neben der Bauleistungsdeckung auch Versicherungsschutz für betriebliche Haftpflichtrisiken der Baufirmen beinhaltet, wäre im Fall einer Deckungsablehnung für den Wasserschaden aus Bauleistungssicht infolge eines normal bedingten Niederschlages zu prüfen, ob die mit der Absicherung der Fassade beauftragte Firma evtl. ein Fehlverhalten treffen könnte, weil vor Regeneintritt die Schutzmaßnahmen nicht ausreichend waren und somit der Wasserschaden am Bauwerk vielmehr als Haftpflichtschaden vom Projektversicherer zu ersetzen wäre.

4.12.6 Dokumentationsobliegenheiten

Die Aufbereitung und Schadenmeldung an den Versicherer setzt ein stimmiges Miteinander unter den Bauakteuren voraus. Die Ergänzung des Senior-Mangement-Teams (siehe Abschnitt 2.3.4) um einem Project Insurance Manager (PIM) in der Rolle der gesamtheitlichen Versicherungskoordination oder alternativ die Einschaltung eines erfahrenen Versicherungsmaklers, der die Inhalte und Auslegung des komb. Wordings beherrscht, ist unverzichtbar für den Erfolg des Projektes. Der PIM hilft, komplizierte technische Sachverhalte aufzuarbeiten, zu strukturieren und in die Sprache des Versicherers zu übersetzen. Damit wird die Komplexität des Falles auf die juristischen und versicherungstechnischen Aspekte reduziert. Eine solche Aufbereitung ist sowohl für die Schadensanzeige gegenüber dem Versicherer als auch für dessen weitere Bewertung der Haftungsfrage unverzichtbar.

Die Schadensmeldung sollte von Anfang an klar und verständlich formuliert sein, aber dennoch einen hohen Detailgrad aufweisen und mit ausreichenden Beweismitteln und Belegen unterfüttert sein. Je vollständiger und professioneller die Schadensmeldung ausgestaltet ist, desto weniger Rückfragen wird der Versicherer haben und desto schneller wird der Schaden erledigt.

Der Versicherer hat ein weitreichendes Nachprüfungsrecht. Es sollte daher von Anfang an offensiv mit den Sachverhalten umgegangen werden, die gegen den Versicherungsschutz sprechen könnten. Diese sollten offenbart und erklärt werden.

Haben mehrere Unternehmen gemeinsam einen Versicherungsschutz erworben, ist es essenziell, geschlossen aufzutreten und mit einer Stimme zu sprechen. Daher sollten die Versicherungsnehmer den Schadensfall gemeinsam aufbereiten und nach bestem Wissen und Gewissen eine einheitliche Schadensmeldung abgeben. Wer hier aus falsch verstandener Eitelkeit eigenes Fehlverhalten von sich weist und die Schadensmeldung des Mitversicherungsnehmers torpediert, gefährdet ggf. den eigenen Versicherungsschutz und haftet dann letztendlich selbst. Es bleibt zu Schadenersatzforderungen und zum Umfang des Deckungsrahmens einer komb. PV der obligatorische Hinweis, dass der Projektversicherer allen Baubeteiligten Versicherungsschutz für die gesetzliche Haftpflicht gewährt. Rein vertragliche Ansprüche sind nicht Bestandteil einer Haftpflichtversicherung. Im Falle von Haftpflichtschäden prüft der Projektversicherer zuerst anhand des Ausschlusskataloges, ob Deckung zu gewähren ist. Im zweiten Schritt erfolgt die Haftungsprüfung. Sind die Schadensersatzansprüche nicht gesetzlich begründet, dann gewährt der Versicherer Versicherungsschutz in Form der Abwehr unberechtigter Forderungen. Ist eine gesetzliche Haftung des schadenverursachenden Mitversicherten gegeben, dann gewährt der Versicherer Versicherungsschutz in Form der Regulierung der berechtigten Forderungen.

4.12.7 Fazit

Die komb. PV ist hervorragend geeignet, Schnittstellen im Versicherungswesen unter den Bauakteuren zu managen. Die Lösung schafft Baufrieden unter den Beteiligten, bietet Kosten- und Vertragssicherheit und ist ein stabiles Schutzkonzept ab Planungsbeginn bis zur Gesamtfertigstellung des Bauvorhabens.

Veränderungen am Bau werden durch dieses Versicherungskonzept flexibel flankiert und es ist grundsätzlich in den erforderlichen Modifikationen je nach Baubedarf beweglich.

Störgrößen wie z. B. Streitigkeiten unter Baupartnern und Deckungslücken infolge intransparenter, nicht miteinander konzipierter Einzelversicherungen werden mit der komb. PV eliminiert. Eine auf das jeweilige BV konzipierte komb. PV folgt der Lean-Methodik:

Unnötiges an Versicherungsinhalten sollte entfernt (z. B. Selbstbehalte im Niedrigbereich) und der Fokus auf tatsächlich Essenzielles gelegt werden: **kein Streit, kein Verzug und damit rechtzeitige Übergabe/Inbetriebnahme des Invests.**

5 Schlusswort

Dieses Buch wurde zum Jahresbeginn 2023 fertiggestellt. Die Aufgaben sind enorm, da die Bauwirtschaft ein wesentlicher Treiber für die Erreichung der Klimaziele und für den sozialen Wohnungsbau ist. Hieraus ergibt sich das Erfordernis von möglichst flexibel nutzbaren Gebäuden, einer auf die Vermeidung von Verschwendung ausgerichteten Produktion in der Herstellung von Bauprodukten und Bauobjekten sowie der möglichst guten Standardisierung von Bauprozessen unter Ausnutzung der Vorzüge der Digitalisierung. Dabei ist die Schaffung von monotonen Stadtbildern zu vermeiden. Hierfür bedarf es eines interdisziplinären und aufgeschlossenen Ansatzes aller Berufsgruppen, die an der Bauwirtschaft beteiligt sind, nicht zuletzt um fähige Menschen für eine Tätigkeit in der Bauwirtschaft zu begeistern und mit den knapper werdenden Ressourcen nachhaltig wirtschaften zu können. Bereits in den vergangenen Jahren konnten wir beobachten, dass sich Transparenz bspw. bei der Anwendung von Open-Book-Ansätzen oder bei der BIM-begleitenden Projektkommunikation bei vielen Themen als heilsam erwiesen hat. Doch gibt es nach wie vor viele Ursachen für die Verschwendung von Ressourcen und Wissen im Verlauf des Planens, Beschaffens und Bauens. Um diese Verschwendung zu reduzieren, bieten die IPAM wesentliche Ansätze. Bei der Umsetzung dieser Ansätze sollte nicht das Vertragskonstrukt das maßgebliche Kriterium sein, sondern die vorhandenen Kapazitäten, die Arbeitsweisen, die Kommunikation und die Zusammenarbeit der Akteure sowie der Umgang mit Fehlern und Anpassungen. Insofern geht die Suche nach dem besten Weg der vertraglichen Ausgestaltung weiter.

Die seit 1900 bekannte und im deutschen Recht geltende Kooperationspflicht am Bau mit ihren Instrumenten der Bedenken- und Behinderungsanzeige ist aufgrund der gelebten Praxis pervertiert worden, sodass bei Bedenken- und Behinderungsanzeigen nicht mehr der Kooperationsgedanke im Vordergrund steht bzw. zumindest ein Argwohn diesen gegenüber aufkommt, weil allein die Worte negativ besetzt sind. Es sollte vermieden werden, dass dies auch mit den IPAM geschieht. Wir müssen uns stets den Blick dafür offenhalten, dass die wesentlichen Projektakteure Menschen sind und die Menschen wie auch die von ihnen vertretenen Unternehmen stets Eigeninteressen verfolgen, die wir berücksichtigen müssen, ohne dass das Projektziel leidet. Hierzu gehört eine konstruktive Konfliktkultur, die von allen am Bau Beteiligten, inklusive der Rechtsberatung, gepflegt wird. Auch der Prozess der Erstellung dieses Buches hat allen Beteiligten verschiedene Sichtweisen eröffnet und wir hoffen, damit Anregungen für die Akteure in ihren sehr unterschiedlichen

Rollen gegeben zu haben. Für jegliche Idee einer Weiterentwicklung dieses Werks ist das Autorenteam dankbar. Zugleich danken wir dem Verlag für die umfangreiche Geduld und Unterstützung bei der Erstellung dieses Buches.

6 Literaturverzeichnis

Abbaspour, Amir (Hrsg.): Digitales Bauen mit BIM – Use Case Management im Hochbau, Berlin, Beuth Verlag, 2021.

Arzet, Harry: Grundlagen des One-piece-flow: Leitfaden zur Planung und Realisierung von mitarbeitergebundenen Produktionssystemen, Rhombos-Verlag, 2005.

Ashcraft, H.: Negotiationg an Integrated Project Delivery Agreement, https://www.hansonbdridgett.com/-/media/Files/Publications/NegotaitingIntegratedProjectDeliveryAgreement.pdf. (Zugriff am 03.01.2023).

Ballard, Glenn; Howell, Gregory A.: Lean project management. In: Building Research and Information. 31(2): 119-133, Taylor & Francis, 2003.

Becker, Simon C.; Roman-Müller, Horst: Intergierte Projektabwicklung (IPA) – Schnelleinstieg für Bauherren, Architekten und Ingenieure, Wiesbaden, Springer Vieweg, 2022.

Bertagnolli, Frank: Lean Management – Einführung und Vertiefung in die japanische Management-Philosophie, Wiesbaden, Springer Gabler, 2020.

Bleher, Nadia: Das Konzept der schlanken Produktion. In: Produktionssysteme erfolgreich einführen, S. 9–59, Springer Gabler, Wiesbaden, 2014.

Boldt, Antje: Innovative Vergütungsgestaltung bei Bauaufträgen öffentlicher Auftraggeber: Können Selbstkostenerstattungsverträge preis- und vergaberechtlich wirksam vereinbart werden? In: Festschrift für Stefan Leupertz. S. 25–38, 2021, München, C.H.Beck.

Boldt, Antje: Integrierte Projektabwicklung – ein Zukunftsmodell für öffentliche Auftraggeber? In: NZBau, 547, München, C.H. Beck, 2019.

Breyer, Wolfgang; Boldt, Antje; Haghsheno, Shervin: Forschungsbericht zum Forschungsvorhaben „Alternative Vertragsmodelle zum Einheitspreisvertrag für die Vergabe von Bauleistungen durch die öffentliche Hand“ des Bundesinstituts für Bau-, Stadt- und Raumforschung (BBSR) im Bundesamt für Bauwesen und Raumordnung (BBR), 2020, https://www.bbsr.bund.de/BBSR/DE/forschung/programme/zb/Auftragsforschung/3Rahmenbedingungen/2017/vertragsmodelle/01-start.html (Zugriff am 28.02.2022).

Bundesinstitut für Bau-, Stadt- und Raumforschung (BBSR) im Bundesamt für Bauwesen und Raumordnung (BBR) (Hrsg.): ENDBERICHT – Mustervertragsbedingungen für Mehrparteienverträge im öffentlichen Bauwesen bei Integrierter Projektabwicklung, 2022.

Bundesministerium für Umwelt, Naturschutz, Bau und Reaktorsicherheit (Hrsg.): Reform Bundesbau, Bessere Kosten-, Termin- und Qualitätssicherheit bei Bundesbauten, 2016, https://www.bmi.bund.de/SharedDocs/downloads/DE/publikationen/themen/bauen/reformbundesbau.pdf?__blob=publicationFile&v=1. Berlin (Zugriff am 28.02.2022).

Bundesminister für Verkehr und digitale Infrastruktur (BMVI): Reformkommission Bau von Großprojekten – Endbericht, 2015, https://www.bmvi.de/SharedDocs/DE/Publikationen/G/reformkommission-bau-grossprojekte-endbericht.html (Zugriff am 22.02.2023)

Cohen, Jonathan: Integrated Project Delivery: Case Studies. Hg. v. AIA., 2010, https://www.ipda.ca/site/assets/files/1111/aia-2010-ipd-case-studies.pdf (Zugriff am 28.02.2022).

Dauner-Lieb, Barbara: Mehrparteienverträge für komplexe Bauvorhaben, in: NZBau 339, 340, 2019, München, C.H. Beck.

GLCI (Hrsg.) (2018): Lean Construction. Begriffe und Methoden https://www.glci.de/static/bea5dad268500c2ec1d6eca3f82d1b3c/GLCI-Begriffe-und-Methoden_Gesamtdokument_neu.pdf (Zugriff am 27.03.2023), Karlsruhe 2018.

GLCI (2021): Fachgroppe Lean Construction in der Lehre, Was ist Lean? https://www.glci.de/institut/fachgruppe (Zugriff am 15.11.2021).

Hagsheno, S., Baier, C., Budau, M. R.-D., Schilling, Miguel, A. Talmon, P., Frantz, L. Strukturierungsansatz für das Modell der Integrierten Projektentwicklung (IPA), in: Bauingenieur, 2022, 97/S. 63–76.

Huppertz, René: Das Last Planner® System – einfach erklärt! https://der-prozessmanager.de/aktuell/publikationen/das-last-planner-system (Zugriff am 27.03.2023).

Magenheimer, Kai Alexander: Lean Management in indirekten Unternehmensbereichen: Modellierung, Analyse und Bewertung von Verschwendung, München, Techn. Univ., Diss., 2014

Mertens, Susanne: Kooperationsmöglichkeiten während der Angebotsphase bei Maßnahmen der öffentlichen Hand, in: Institut für Bauwirtschaft und Baubetrieb (Hrsg.): Kooperative Vertragsmodelle und baubetriebliche Lösungsansätze, in: Schriftenreihe des Instituts für Bauwirtschaft und Baubetrieb, Heft 63, 2019, S. 1–13.

Philipp, David: Kosten und Nutzen einer frühzeitigen Einbindung von Expertenwissen in Allianzmodellen, in: Institut für Bauwirtschaft und Baubetrieb (Hrsg.): Kooperative Vertragsmodelle und baubetriebliche Lösungsansätze, in: Schriftenreihe des Instituts für Bauwirtschaft und Baubetrieb, Heft 63, 2019, S. 84–98.

Rother, Mike; Shook, John: „Sehen Lernen: Mit Wertstromdesign die Wertschöpfung erhöhen und Verschwendung beseitigen", LMI Forum GmbH, 2004.

Sander, Philip; Spiegl, Markus: Risikomanagement als Erfolgsfaktor für anreizbasierte Bauverträge, in: Institut für Bauwirtschaft und Baubetrieb (Hrsg.): Kooperative Vertragsmodelle und baubetriebliche Lösungsansätze, in: Schriftenreihe des Instituts für Bauwirtschaft und Baubetrieb, Heft 63, 2019, S. 99–123.

Schautes, Stefan: Die Innovationspartnerschaft als vergaberechtliche Basis für eine Projektrealisierung im Team, (Hrsg.): Kooperative Vertragsmodelle und baubetriebliche Lösungsansätze, in: Schriftenreihe des Instituts für Bauwirtschaft und Baubetrieb, Heft 63, 2019, S. 14–26.

Schlabach, Carina: Untersuchungen zum Transfer der australischen Projektabwicklungsform Project Alliancing auf den deutschen Hochbaumarkt. Kassel Germany: Kassel University Press (Schriftenreihe Bauwirtschaft I Forschung, 25) https://www.uni-kassel.de/upress/online/frei/978-3-86219-490-2.volltext.frei.pdf (Zugriff am 28.03.2019), 2013.

Schwerdter, Patrick: Chancen und Grenzen einer modellbasierten Angebotsbearbeitung, in: Institut für Bauwirtschaft und Baubetrieb (Hrsg.): Kooperative Vertragsmodelle und baubetriebliche Lösungsansätze, Schriftenreihe des Instituts für Bauwirtschaft und Baubetrieb, Heft 63, 2019, S. 37–59.

Womack, James . P.; Jones, D. T.; Roos, D.: „Die zweite Revolution in der Autoindustrie: Konsequenzen aus der weltweiten Studie des Massachusetts Institute of Technology", Campus Verlag, 1992.

Womack, James. P.; Jones, D. T.: Lean Thinking: Ballast abwerfen, Unternehmensgewinne steigern, 3. Aufl., Campus-Verlag, 2013.

Bundesministerium für Verkehr und digitale Infrastruktur, Stufenplan Digitales Planen und Bauen (Hrsg.): https://www.bmvi.de/SharedDocs/DE/Publikationen/DG/stufenplan-digitales-bauen.pdf?__blob=publicationFile (Zugriff am 27.03.2023), 2015.

Bundes Architekten Kammer, Leitfaden BIM für Architekten (Hrsg.): BIM für Architekten https://www.aknw.de/fileadmin/user_upload/AKNW-Broschueren/BIM-BAK-Broschuere-WEB.pdf (Zugriff am 27.03.2023).

Projektmanagement mit BIM, in Das neue AHO-Heft Nr. 9, S. 24-26, 2020.

AHO-Fachkommission (Hrsg.): Projektmanagement in der Bau- und Immobilienwirtschaft – Standards für Leistungen und Vergütung, AHO Heft 9, Köln, 2020, Reguvis Fachmedien.

gefma Deutscher Verband für Facility Management e.V. (Hrsg.): White Paper, GEFMA 926 – Building Information Modeling im Facility Management V 2.0.

Deutscher Verein für Vermessungswesen – Gesellschaft für Geodäsie, Geoinformation und Landmanagement (DVW) e. V.; Runder Tisch GIS e. V. (Hrsg.): Leitfaden Geodäsie und BIM, https://www.dvw.de/BIM-Leitfaden.pdf (Zugriff am 27.03.2023).

Verband Beratender Ingenieure VBI (Hrsg.): BIM-Leitfaden für die Planerpraxis – Empfehlungen für planende und beratende Ingenieure https://www.vbi.de/fileadmin/redaktion/Dokumente/Infopool/Downloads/VBI_BIM-Leitfaden_0916-final.pdf (Zugriff am 27.03.2023), 2016.

Bundesministerium für Verkehr und digitale Infrastruktur (Hrsg.): Handreichungen und Lezfäden Teil 6: Steckbriefe der wichtigsten BIM-Anwendungsfälle, https://bim4infra.de/wp-content/uploads/2019/07/BIM4INFRA2020_AP4_Teil6.pdf (Zugriff am 27.03.2023), 2019.

buildingSMART International: Use Case Management https://ucm.buildingsmart.org/use-case-management (Zugriff am 27.03.2023), 2021.

Bundesministerium für Verkehr und digitale Infrastruktur (Hrsg.): Stufenplan Digitales Planen und Bauen – Einführung moderner, IT-gestützter Prozesse und Technologien bei Planung, Bau und Betrieb von Bauwerken, 2015.

EU BIM Taskgroup (Hrsg.): Handbuch für die Einführung von Building Information Modelling (BIM) durch den europäischen öffentlichen Sektor, 2018.

Hauptverband der Deutschen Bauindustrie: Technisches Positionspapier – BIM im Hochbau, https://www.bauindustrie.de/themen/news-detail/erfolgreich-zusammenarbeiten-mit-bim-im-hochbau (Zugriff am 27.03.2023).

Mellenthin Filardo, Martina; Krischler, Judith: Basiswissen zu Auftraggeber-Informationsanforderungen (AIA), HUSS-Medien, 2020.

DIN EN ISO 16739-1:2021-11 Industry Foundation Classes (IFC) für den Datenaustausch in der Bauwirtschaft und im Anlagenmanagement – Teil 1: Datenschema.

DIN EN ISO 19650 (alle Teile) Organisation und Digitalisierung von Informationen zu Bauwerken und Ingenieurleistungen, einschließlich Bauwerksinformationsmodellierung (BIM) – Informationsmanagement mit BIM.

VDI 2553:2019-03 Lean Construction.

VDI-MT 2553 Blatt 1:2020-02 Lean Construction – Qualifizierung zum LC-Experten.

VDI 3805 Produktdatenaustausch in der technischen Gebäudeausrüstung.

VDI 2552 Blatt 1:2020-07 Building Information Modeling – Grundlagen.

VDI 2552 Blatt 2:2022-08 Building Information Modeling – Begriffe.

VDI 2552 Blatt 10:2021-02 Building Information Modeling – Auftraggeber-Informations-Anforderungen (AIA) und BIM-Abwicklunspläne (BAP).

VDI/bS 2552 Blatt 11.1:2021-10 Building Information Modeling – Informationsaustauschanforderungen zu BIM-Anwendungsfällen.